FORSCHUNGSBERICHTE DES LANDES NORDRHEIN-WESTFALEN
Nr. 2336

Herausgegeben im Auftrage des Ministerpräsidenten Heinz Kühn
vom Minister für Wissenschaft und Forschung Johannes Rau

Hans Heribert Gilson
Jürgen Peter Hosemann

Institut für Elektrische Nachrichtentechnik
der Rhein.-Westf. Techn. Hochschule Aachen

Meßkammer nach dem Kleinionenanlagerungsprinzip zum quantitativen Nachweis von Aerosolpartikeln
Theorie und praktische Ausführung

Westdeutscher Verlag Opladen 1973

ISBN-13: 978-3-531-02336-6   e-ISBN-13: 978-3-322-88354-4
DOI: 10.1007/978-3-322-88354-4

© 1973 by Westdeutscher Verlag, Opladen
Gesamtherstellung: Westdeutscher Verlag

Inhalt

1. Einleitung 5
2. Ionisierung und Rekombination 6
   - 2.1 Ionisierung mit α-Strahlern 6
   - 2.2 Luftionen 10
   - 2.3 Volumenrekombination 11
3. Elektrisches Feld einer zylindrischen Meßkammer 13
4. Meßkammer im Ohm'schen Bereich 18
   - 4.1 Konstruktion der Meßkammer 18
   - 4.2 Strom-Spannungs-Kennlinie ohne Rauch 19
5. Kleinionenanlagerung 20
6. Charakteristische Kammergleichung 22
   - 6.1 Berücksichtigung der axialen Strömung 26
   - 6.2 Bestätigung der Kammergleichung 27
7. Temperaturabhängigkeit des Kammerstromes 29
8. Aufbau und Daten des Elektrometerverstärkers 32
9. Reproduzierbarkeit der Kammerstrommessungen 34
10. Zusammenfassung 34
11. Formelzeichen 36

Literaturverzeichnis 38

Abbildungen 40

1. Einleitung

Der Effekt, daß Kleinionen sich nach bestimmten Gesetzmäßigkeiten an neutrale Partikeln anlagern, kann zum Nachweis von Aerosolpartikelkollektiven ausgenutzt werden. Erzeugt man Ionen in einem elektrischen Feld zwischen zwei Elektroden, so wird auf Grund der Ionendrift ein meßbarer Strom fließen. Dieser Strom nimmt deutlich ab, wenn neutrale Aerosolpartikeln zwischen die Elektroden gelangen und sich genügend viele Ionen an diese Partikeln angelagert haben. Durch diese Kleinionenanlagerung entstehen geladene Partikeln, deren Beweglichkeit auf Grund der vergrößerten Masse verschwindend klein ist gegenüber der Beweglichkeit der Kleinionen. Dieser Effekt der Kleinionenanlagerung wird bei Ionisations-Rauchmeldern ausgenutzt [1;2;3;4]. Möchte man nicht nur einen Monitor zum Nachweis eines Aerosols haben, sondern auf Grund des Stromrückganges auch quantitative Aussagen über das Aerosol ermöglichen, dann müssen die Vorgänge zwischen den Elektroden bekannt und berechenbar sein. Für eine Meßkammer, die mit Sättigungsstrom betrieben wird und bei der die Volumenrekombination der Kleinionen näherungsweise außer acht gelassen werden kann, gibt es eine Theorie, über die Siegmann, Mohnen, Hasenclever und Coenen [5;6;7;8;9] mehrfach berichtet haben. Die Autoren stellen Staubmeßgeräte vor, welche nach dieser Theorie von ihnen entwickelt wurden.

Ionisationsrauchmelder zur automatischen Brandentdeckung arbeiten meist weit unterhalb der Stromsättigung. Die Praxis hat gezeigt, daß Ionisationsmeßkammern, die in dieser Weise betrieben werden, eine erheblich größere "Empfindlichkeit" aufweisen als gesättigte Kammern. Deshalb lag es nahe, ein Staubmeßgerät zu entwickeln, dessen Arbeitspunkt im unteren Bereich der Strom-Spannungs-Kennlinie liegt. Bei der Berechnung des Stromrückganges in Abhängigkeit von den Eigenschaften des Aerosols - mittlerer Partikeldurchmesser und Anzahl der Partikeln pro Volumeneinheit - wird dann jedoch die Volumenrekombination der Kleinionen zu berücksichtigen sein.

Die Notwendigkeit zur Entwicklung einer ungesättigten Ionisationsmeßkammer ergab sich bei der Ausarbeitung eines Prüfschemas für Rauchmelder, das internationale Gültigkeit erlangen soll. Ein Aerosol - und Rauch gehört zur Klasse der Kondensationsaerosole [10] - kann nur mit Hilfe einer Anzahl verschiedenartiger Parameter vollständig beschrieben werden. Es kann zwischen der "dispersen Phase" und dem "Dispersionsmittel" unterschieden werden. Im folgenden wird nur die disperse Phase des Rauches interessieren. Sie kann charakterisiert werden durch die Art der Partikeln und deren Konzentration, d. h. durch die Anzahl der Partikeln pro Volumeneinheit. Die Partikeln oder speziell die Rauchpartikeln können beschrieben werden durch:

1. ihre chemische Zusammensetzung,
2. ihre Struktur (homogen, inhomogen),
3. ihre Form,
4. ihre Größe oder die statistische Größenverteilung,
5. ihre physikalischen Eigenschaften (Absorptionskonstante, Brechungsindex, Bricardkonstante usw.).

Rauchmelder überwachen die disperse Phase des Rauches, sie reagieren also auf das Vorhandensein von Rauchpartikeln. Derzeit sind zwei grundsätzliche Arten von Rauchmeldern bekannt: optische Rauchmelder (Streulicht-, Durchlichtprinzip) und Rauchmelder nach dem Ionisationskammerprinzip. Ihre Wirkungsweise ist so verschieden, daß es keinen funktionalen Zusammenhang zwischen ihren Meßeffekten gibt, der für verschiedene Raucharten allgemein gültig wäre. Die Kenntnis des Verhaltens eines bestimmten Melders bei einer bestimmten Rauchart läßt keine Schlüsse auf sein Verhalten bei einer anderen Rauchart zu. Auch lassen sich Melder nach verschiedenen Funktionsprinzipien nicht generell miteinander vergleichen, sondern nur in Bezug auf einen bestimmten Rauch. Es gibt zwei Möglichkeiten, dieses Problem zu lösen: Entweder man untersucht jeden zur Prüfung vorliegenden Rauchmelder im Hinblick auf alle in der Praxis möglichen Raucharten, oder man vergleicht ihn bei einigen typischen Fällen mit einem Standardmeßgerät, das jeweils nach dem gleichen Prinzip arbeitet wie der zu prüfende Melder. In diesem Fall genügt es, das Verhalten des Standardmeßgerätes genau zu kennen. Während man für optische Melder nach dem Durchlichtprinzip kommerziell hergestellte Extinktionsmeßgeräte als Standard verwenden kann, fehlt ein solches Standardmeßgerät für Rauchmelder nach dem Ionisationskammerprinzip. Die vorliegende Arbeit befaßt sich mit der Theorie und dem Aufbau eines solchen Meßgerätes, das zum Testen von Rauchmeldern eingesetzt werden soll und daher speziell für Messungen an Rauch geeignet sein muß. Das Meßgerät kann auch zum Nachweis anderer Aerosole benutzt werden. In diesem Fall müssen unter Umständen konstruktive Änderungen an der Meßkammer vorgenommen werden.

In den folgenden Abschnitten werden die Probleme so dargestellt, wie sie sich in der Praxis ergeben haben.

2. Ionisierung und Rekombination

2.1 Ionisierung mit α-Strahlern

Als radioaktives Präparat sollen α-Strahler benutzt werden, weil sie im allgemeinen eine einheitliche Strahlung aussenden [11;12] und weil damit am ehesten eine homogene Ionisierung der Luft zwischen den Elektroden der Kammer erreicht werden kann. Die Anfangsgeschwindigkeit der α-Teilchen (zweifach positiv geladene Heliumkerne $_{2}^{4}He$) liegt in der Größenordnung von $2 \cdot 10^9$ cm/s und ist praktisch für alle emittierten Teilchen gleich, so daß auch die Reichweite für alle α-Teilchen gleich groß ist. "Ihre Absorption folgt nicht etwa einem exponentiellen Gesetz, sondern es gibt für Luft oder irgendeine andere Substanz eine charakteristische Schichtdicke, bei der völlige Absorption eintritt" [11]. Eine Ablenkung der α-Teilchen bei Zusammenstößen mit Gasmolekülen tritt praktisch nicht auf, so daß jedes α-Teilchen eine hochionisierte gerade Spur erzeugt, die so lang ist wie die Reichweite (Kolonnenionisation) [12].

Bei α-Strahlern gilt folgender Zusammenhang zwischen Reichweite R und Zerfallskonstante λ:

$$R = a\lambda^b \quad \text{(Geiger-Nuttall-Beziehung)}. \quad (2.1)$$

b ist praktisch für die vier Zerfallsreihen konstant (b ~ 0,02), während a für die verschiedenen Zerfallsreihen unterschiedliche Werte annehmen kann. Die zunächst empirisch gefundene Beziehung (2.1) wird durch das Gamow'sche Kernmodell erklärt [13] (Tunneleffekt). Ferner gilt

$$R = \text{const} \cdot E_\alpha^{3/2}$$

und (2.2)

$$R = \text{const} \cdot v^3,$$

wobei E_α die Zerfallsenergie und v die Austrittsgeschwindigkeit der α-Teilchen bedeutet. Eine mittlere Energie-Reichweitebeziehung für α-Strahler wurde von Holloway, Livingston und Bethe [16] angegeben. Sie ist in Abb. 2/1 dargestellt. Die Genauigkeit bei allen vier Zerfallsreihen beträgt für die Energie zwischen 1 MeV und 2 MeV nur ± 0,1 MeV, bei 4 MeV beträgt sie ± 20 keV und zwischen 5 und 8 MeV ist die Genauigkeit ± 0,1 % [16].

Die Reichweite ist der Gasdichte umgekehrt proportional, also der absoluten Temperatur direkt und dem Druck umgekehrt proportional:

$$R(\vartheta,p) = R(20°C, 760 \text{ Torr}) \cdot \frac{1+0,0034108 \left(\frac{\vartheta}{°C} - 20\right)}{0,0013158 \cdot \frac{p}{\text{Torr}}} \quad (2.3)$$

Um die Einsatzmöglichkeiten der geplanten Meßkammer nicht einzuschränken, ist es notwendig, umschlossene α-Strahler zu verwenden. Als günstig hat sich in der Praxis* die Verwendung des Americiumisotops Am^{241} erwiesen. Americium ist ein Transuran. Das Isotop 241 gehört zur (4n+1)-Reihe (Neptuniumreihe), die in der Natur nicht bzw. nicht mehr vorkommt. Im Gegensatz zu den drei natürlichen Zerfallsreihen ist das Endglied kein Bleiisotop, sondern das stabile Wismutisotop Bi^{209}. Am^{241} hat folgende Daten [14]:

---

* Fa. Cerberus A.G., Männedorf/ZH (Schweiz).

n = 60 Halbwertszeit (T) = 500 Jahre
z = 95 Strahlenart: α
N = 146 Zerfallsenergie = 5,45 MeV
A = (4n+1) = 241 Herstellung: $Pu^{241} - \beta^- \to Am^{241}$

Am^{241} gehört zu den Nukliden mit der größten Radiotoxizität [17].

Ist N die Anzahl der zur Zeit t noch nicht zerfallenen Atome und N_o die entsprechende Anzahl bei t = 0, dann ist die Zerfallskonstante definiert durch

$$N(t) = N_o\, e^{-\lambda t}. \qquad (2.4)$$

Die Halbwertszeit ist entsprechend gegeben durch

$$N(T) = \frac{N_o}{2} = N_o\, e^{-\lambda T}. \qquad (2.5)$$

Daraus folgt der Zusammenhang zwischen Zerfallskonstante und Halbwertszeit:

$$\lambda = \frac{\ln 2}{T}. \qquad (2.6)$$

Für Am^{241} ist dann die Konstante λ oder die sekundliche Zerfallswahrscheinlichkeit:

$$\lambda = 4,4 \cdot 10^{-11} s^{-1}.$$

Die Intensität des α-Strahlers kann man entweder durch seine Radioaktivität kennzeichnen oder, was im vorliegenden Fall zweckmäßiger wäre, mit Hilfe seiner ionisierenden Wirkung.

Als Maß für die Aktivität (A) dient seit 1950 das Curie (Ci) [15]. Es ist definiert als "die Menge eines radioaktiven Nuklids (reine radioaktive Substanz), in dem die Zahl der Zerfallsakte in der Sekunde $3,700 \cdot 10^{10}$ beträgt".

Ein Maß für die ionisierende Wirkung des Strahlers ist die Ionisierungsstärke (q). q ist die Anzahl der Ionenpaare, die pro Zeit- und Volumeneinheit gebildet werden.

Einen näherungsweisen Zusammenhang zwischen der Aktivität A des Strahlers und der Ionisierungsstärke q kann man auf Grund folgender Überlegungen herstellen:

1 Röntgen (r) ist die Strahlendosis, die in 1,293 mg Luft oder in 1 cm^3 Normalluft die Gesamtladung (beiderlei Vorzeichens) von $3,357 \cdot 10^{-10}$ As erzeugt. Setzt man voraus, daß die entstehenden Ionen stets einfach geladen sind, dann gilt folgende Entsprechung:

$$1r \mathrel{\hat{=}} 2,082 \cdot 10^9\; \frac{\text{Ionenpaare}}{cm^3} \qquad (2.7)$$

Die Energie E_i, die ein α-Teilchen für die Bildung eines Ionenpaares in Luft verliert, ist näherungsweise unabhängig von der Energie E_a des ionisierenden Teilchens. E_i beträgt im Mittel 35,5 eV [17]. Daraus folgt, daß ein α-Teilchen

$$\frac{E_a}{E_i} \quad \text{Ionenpaare erzeugt.}$$

Da bei einer Radioaktivität von 1 Ci $3,7 \cdot 10^{10}$ α-Teilchen pro Sekunde entstehen, gilt folgende Entsprechung:

$$1\ \mu\text{Ci} \triangleq 1,04 \cdot 10^9 \cdot \frac{E_a}{\text{MeV}} \frac{\text{Ionenpaare}}{\text{s}} \quad \text{in Luft.} \tag{2.8}$$

Nimmt man im Kammervolumen V eine homogene Ionisierung an, dann findet man für den Zusammenhang zwischen der Ionisierungsstärke q und der Aktivität A:

$$\frac{q}{\text{cm}^{-3}\text{s}^{-1}} = 1,04 \cdot 10^9 \left(\frac{E_a}{\text{MeV}}\right) \cdot \left(\frac{V}{\text{cm}^3}\right)^{-1} \cdot \left(\frac{A}{\mu\text{Ci}}\right) \tag{2.9}$$

Kennt man also die Radioaktivität des Ionisierungsmittels und die Energie der α-Teilchen, dann kann die Ionisierungsstärke näherungsweise berechnet werden. Die Energie E_a kann nach der Bestimmung der mittleren Reichweite R aus Abb. 2/1 entnommen werden.

Zur Ermittlung der Reichweite der Präparate Am^{241} wurde der in Abb. 2/2 schematisch gezeigte Versuchsaufbau gewählt. Auf einer Grundplatte aus Teflon wurden im Abstand von 43 mm zwei Messingplatten von 70 mm Höhe und 50 mm Breite montiert. Durch eine in ihrer Höhe verstellbare Teflonscheibe wurde die Möglichkeit geschaffen, das ionisierbare Volumen stetig zu verändern. Die Abhängigkeit des Kammerstromes i_k von der Höhe der Teflonscheibe zeigt Abb. 2/3 für die Umgebungstemperatur $\vartheta = 21,5°C$. Der Kammerstrom steigt fast linear mit wachsendem Volumen, d. h. zunehmender Höhe der Teflonscheibe an. Wird die Höhe größer als die Reichweite der α-Teilchen, dann können keine zusätzlichen Ladungsträger mehr gebildet werden, und der Kammerstrom bleibt konstant. Der extrapolierte Schnittpunkt der Kurvenäste kennzeichnet die Reichweite R. Es wurden zusätzliche Messungen bei $\vartheta = 55°C$ und $\vartheta \approx 82,5°C$ durchgeführt. Wie erwartet, ergaben sich hier höhere Werte für die Reichweite. Die Meßergebnisse und die theoretischen Werte nach Gl. (2.3) sind in Tab. 1 aufgeführt.

Tab. 1: Reichweite $R(\vartheta)$ bei Normaldruck

ϑ	R gemessen	R theoretisch	Abweichung
20 °C	---	2,80 cm	---
21,5°C	2,87 cm	2,82 cm	- 1,77 %
55 °C	3,04 cm	3,13 cm	+ 2,88 %
82,5°C	3,17 cm	3,40 cm	+ 6,76 %

2.2 Luftionen

Durch Energieeinwirkung, z. B. beim Zusammenstoß mit $_2^4$He-Kernen, werden von einzelnen Molekülen oder Atomen der Luft Elektronen abgespalten, die sich sofort wieder an neutrale Moleküle anlagern, so daß in diesem Stadium negative und positive ionisierte Moleküle oder Atome vorhanden sind. Diese Ionen dienen als Ansatzpunkte für Molekülzusammenballungen. Eine nähere Untersuchung solcher Zusammenballungen, die "cluster" genannt werden, hat gezeigt, daß etwa 10 bis 30 neutrale Moleküle und ein einfach ionisiertes Molekül ein cluster bilden [18;19;20]. Diese cluster entstehen in weniger als 1 µs. Schematisch ist der Vorgang in Abb. 2/4 dargestellt.

Manche Beobachtungen sprechen dafür, daß die negativen Ionencluster vorwiegend aus O_2- und H_2O-Molekülen bestehen [11].

In Ionisationsmeßkammern hat man also keinesfalls mit einzelnen Elektronen als negativen Ladungsträgern zu rechnen. Die oben beschriebenen Molekülionen werden "Kleinionen" genannt. Sie können sich ihrerseits an neutrale größere Partikeln anlagern und bilden so, je nach ihrer Größe, "kleine Mittelionen", "große Mittelionen", "Großionen" oder "Ultragroßionen". Die Großionen werden auch "Langevin-Ionen" genannt. Geladene Partikeln mit Radien größer als 0,1 µm pflegt man nicht mehr als "Ionen" zu bezeichnen. Nähere Untersuchungen haben gezeigt [19], daß Luftionen fast ausschließlich einfach geladen sind. In den später folgenden Abschnitten kann daher mit Ladungsträgern gerechnet werden, die nur eine negative oder eine positive Elementarladung tragen.

Die Luftionen lassen sich konventionell außer nach ihren Durchmessern auch nach ihrer Beweglichkeit im elektrischen Feld einteilen. Die folgende Tabelle ist dem Physikalischen Wörterbuch, Stichwort "Luftionen" [11] entnommen:

Tab. 2: Einteilung der Luftionen nach Größe und Beweglichkeit

Ionenart	Durchmesser d μm	Beweglichkeit b $cm^2 V^{-1} s^{-1}$
Kleinionen	---	$>10^{-1}$
kleine Mittelionen	$< 39 \cdot 10^{-4}$	10^{-1} bis 10^{-2}
große Mittelionen	$39 \cdot 10^{-4}$ bis $12,5 \cdot 10^{-3}$	10^{-2} bis 10^{-3}
Großionen	$12,5 \cdot 10^{-3}$ bis $28,5 \cdot 10^{-3}$	10^{-3} bis $2,5 \cdot 10^{-4}$
Ultragroßionen	$>28,5 \cdot 10^{-3}$	$<2,5 \cdot 10^{-4}$

Die Beweglichkeit geladener Schwebstoffteilchen oder speziell geladener Rauchpartikeln ist so viel kleiner als die Beweglichkeit der ursprünglichen Kleinionen, daß sie in Ionisationsmeßkammern praktisch nicht zum Strom beitragen und daher vernachlässigt werden können.

Bei 0°C und 760 Torr beträgt die Beweglichkeit der positiven und negativen Kleinionen in Luft:

$$b^- = 1,8 \text{ bis } 2,1 \text{ cm}^2\text{V}^{-1}\text{s}^{-1}$$
$$b^+ = 1,4 \text{ bis } 1,7 \text{ cm}^2\text{V}^{-1}\text{s}^{-1} \quad [12;18;19;21].\quad (2.10)$$

Im folgenden soll mit den mittleren Werten $b^- = 1,9 \text{ cm}^2\text{V}^{-1}\text{s}^{-1}$ und $b^+ = 1,6 \text{ cm}^2\text{V}^{-1}\text{s}^{-1}$

$$b^+ + b^- = 3,5 \text{ cm}^2\text{V}^{-1}\text{s}^{-1} \quad (2.11)$$

gerechnet werden.

Die Beweglichkeit von Kleinionen in Luft ist als mittlere Beweglichkeit aufzufassen. Die Tatsache, daß $b^- > b^+$, hängt wohl zum Teil damit zusammen, daß die negativen Ladungsträger zeitweilig als freie Elektronen vorhanden sind (s. Abb. 2/4), die wegen ihrer kleinen Masse eine um Größenordnungen höhere Beweglichkeit besitzen als Kleinionen. Von negativen Kleinionen können darüber hinaus auch wieder Elektronen abgetrennt werden, die sich dann erneut sofort an Molekülcluster anlagern [22].

2.3 Volumenrekombination

Die Wiedervereinigung (Rekombination) von Ladungsträgern entgegengesetzter Polarität, die zum Ausscheiden aus der Strombilanz der betroffenen Träger führt, kann sich an der Wand einer Elektrode oder im freien Gasraum vollziehen. Demzufolge spricht man von "Wand"- oder "Volumenrekombination" [12]. Im folgenden wird nur die Volumenrekombination von Interesse sein, weil im Fall der Ionisationskammer die Gesamtheit aller Wandrekombinationsprozesse pro Zeiteinheit mit dem stationären Strom in der Kammer identisch ist. Entsprechend der Art der beteiligten Ladungsträger unterscheidet man die "Elektron-Ion-Rekombination" und die "Ion-Ion-Rekombination" [22;23].

Aus Abschnitt 2.2 geht hervor, daß hier nur die Wiedervereinigung von Ionen berücksichtigt werden muß, weil die Elektron-Ion-Rekombination bereits indirekt in der mittleren Beweglichkeit b^- der negativen Kleinionen enthalten ist.

Bei der Ion-Ion-Rekombination lauten die möglichen Reaktionsgleichungen

$$A^+ + B^- \rightarrow AB + W_1$$

oder

$$A^+ + B^- \rightarrow A + B + W_2$$

Sei n^+ die Dichte (Anzahl in der Volumeneinheit) der positiven Kleinionen und
n^- die Dichte der negativen Kleinionen, dann gilt für die

zeitliche Änderung der Dichten infolge der Wiedervereinigung entsprechend dem Massenwirkungsgesetz:

$$\frac{dn^+}{dt} = \frac{dn^-}{dt} = -a \cdot n^+ \cdot n^-. \tag{2.12}$$

Setzt man Ladungsgleichgewicht ($n^+ = n^- = n$) voraus, dann liefert die Integration von Gl. (2.12)

$$n(t) = \frac{n_o}{1+a \cdot n_o \cdot t}, \tag{2.13}$$

wobei n_o die Dichte der positiven und die Dichte der negativen Kleinionen zum Zeitpunkt $t = 0$ bedeutet. a ist der sogenannte "Rekombinationskoeffizient". Meist wird er aus Gl. (2.13) bestimmt, indem man $n(t)$ mißt.

Der Rekombinationskoeffizient ist druck- und temperaturabhängig. Für Luft von 20°C ist er als Funktion des Druckes in Abb. 2/5 dargestellt. Man kann für a bei 760 Torr und 20°C folgenden Wert annehmen:

$$a_{(760\ Torr, 20°C)} = 2{,}2 \cdot 10^{-6}\ cm^3 s^{-1}\ [12]$$

oder (2.14)

$$a_{(760\ Torr, 20°C)} = 1{,}6 \cdot 10^{-6}\ cm^3 s^{-1}\ [11].$$

Bisher wurde vorausgesetzt, daß keine Ionenpaare durch ständige Ionisierung neu erzeugt werden ($q = 0$). Ist die Ionisierungsstärke (vgl. Abschnitt 2.1) dagegen ungleich Null, dann geht Gl. (2.12) über in

$$\frac{dn^+}{dt} = \frac{dn^-}{dt} = q - a n^+ n^- \tag{2.15}$$

oder bei Neutralität:

$$\frac{dn}{dt} = q - a n^2. \tag{2.16}$$

Mit $n(0) = 0$ lautet die Lösung von Gl. (2.16):

$$n(t) = \sqrt{\frac{q}{a}} \cdot \frac{1 - e^{-2\sqrt{aq}\ t}}{1 + e^{-2\sqrt{aq}\ t}} \tag{2.17}$$

Im Innern der Ionisationskammer stellt sich also bei Abwesenheit eines elektrischen Feldes und bei Abwesenheit neutraler Schwebstoffteilchen eine stationäre Dichte von positiven und negativen Kleinionen ein:

$$\lim_{t \to \infty} n(t) = n_o^+ = n_o^- = n_o = \sqrt{q/a} \tag{2.18}$$

Bei Normaldruck gilt nach [11] folgender Zusammenhang zwischen Beweglichkeit und Rekombinationskoeffizient:

$$a \approx e \cdot \frac{b^+ + b^-}{\epsilon_o}, \tag{2.19}$$

wobei ϵ_o die Dielektrizitätskonstante und e die Einheitsladung ist. Setzt man für die Beweglichkeit die Werte aus Gl. (2.11) ein, dann ergibt sich aus Gl. (2.19) abweichend von Gl. (2.14)

$$a = 6{,}32 \cdot 10^{-6} \text{ cm}^3 \text{s}^{-1}. \tag{2.20}$$

Im Fall der hier behandelten Ionisationsmeßkammer könnten noch größere Werte für den Rekombinationskoeffizienten auftreten, da man bei der Kolonnenionisation durch Alpha-Teilchen mit einer verstärkten Initialrekombination rechnen muß.

Die Initialrekombination hängt mit einiger Wahrscheinlichkeit auch von der Richtung des elektrischen Feldes relativ zur Kolonne und von der axialen Durchströmung in der Meßkammer ab. Deshalb erscheint eine turbulente Durchströmung auch zweckmäßiger als eine laminare zu sein (vgl. Abschnitt 4.).

3. Elektrisches Feld einer zylindrischen Meßkammer

Die Feldberechnung ist möglich, wenn man den "Erhaltungssatz der Quantität" als Ansatz benutzt. Er besagt, daß von der Menge einer strömenden "Quantität" nichts verschwinden und nichts entstehen kann [11]. In dem durch die Gesamtheit aller Geschwindigkeitsvektoren gebildeten Strömungsfeld mögen sich irgendwie stetig verteilte Quellen befinden, die alle innerhalb eines gewissen endlichen Raumgebietes Γ liegen sollen. Ist die Ergiebigkeit (= erzeugte Menge der Quantität je Volumen- und Zeiteinheit) der Quellen gleich q_o, so wird von der Gesamtheit der Quellen innerhalb Γ die Quantität

$$Q = \iiint_\Gamma q_o \, d\tau \tag{3.1}$$

geliefert. Diese kann dazu beitragen:

1. daß die Dichte ρ der Quantität und damit deren Menge innerhalb Γ größer wird. Der Zuwachs Q_1 der Quantität je Zeiteinheit auf Grund der Dichteerhöhung ist

$$Q_1 = \iiint_\Gamma \frac{\partial \rho}{\partial t} \, d\tau \tag{3.2}$$

2. daß durch die Begrenzung $\mathcal{F}$ von Γ mehr austritt als einströmt. Dieser Überschuß Q_2 ist, wenn $\mathfrak{v}$ den Geschwindigkeitsvektor bedeutet,

$$Q_2 = \iint_\mathcal{F} \rho \, \mathfrak{v}_n \, \vec{df} \tag{3.3}$$

Die Bilanz ist dann:

$$Q = Q_1 + Q_2. \tag{3.4}$$

Der so formulierte Erhaltungssatz [11] kann für die positiven und negativen Kleinionen getrennt angewendet werden. Die "Ergiebigkeit" der Quelle q_o ist dann nach Abschnitt 2.3

$$q_o^+ = q_o^- = q - \alpha n^+ n^-. \qquad (3.5)$$

Die Dichte der Ionen ist n^+ bzw. n^-. Der Raum Γ wird umschlossen durch die zylindrische Kammer, und die Begrenzung $\mathcal{F}$ wird gebildet durch die innere Elektrode, die äußere Elektrode und die beiden Stirnflächen des äußeren Zylinders. Die Ladungsträgerdiffusion soll vernachlässigt werden, wenn sie nicht in Richtung des elekrischen Feldes verläuft. In Zylinderkoordinaten bedeutet das also:

$$\mathcal{v} = \{v_r, 0, 0\}$$
$$\mathcal{E} = \{E_r, 0, 0\}.$$

Für positive Kleinionen lautet die Bilanzgleichung (3.4) dann

$$Q = \iiint_\Gamma (q-\alpha n^+ n^-)\, d\tau = \iiint_\Gamma \frac{\partial n^+}{\partial t}\, d\tau + \iint_\mathcal{F} n^+ \cdot \mathcal{v}^+ \vec{df}.$$

Mit Hilfe des Gauß'schen Satzes erhält man daraus:

$$q-\alpha n^+ n^- = \dot{n}^+ + \operatorname{div}(n^+ \mathcal{v}^+) \qquad (3.6)$$

und entsprechend

$$q-\alpha n^+ n^- = \dot{n}^- + \operatorname{div}(n^- \mathcal{v}^-). \qquad (3.7)$$

Weiterhin gilt nun:

$$\operatorname{div}(n \mathcal{v}) = n \cdot \operatorname{div} \mathcal{v} + \mathcal{v}\, \operatorname{grad} n. \qquad (3.8)$$

Berücksichtigt man, daß

$$\mathcal{v}^+ = b^+ \cdot \mathcal{E} \qquad (3.9)$$

und

$$\mathcal{v}^- = -b^- \cdot \mathcal{E},$$

betrachtet man den stationären Zustand ($\dot{n}^+ = \dot{n}^- = 0$) und führt man schließlich Zylinderkoordinaten ein, dann findet man aus den Gl. (3.6) bis (3.9):

$$q-\alpha n^+ n^- = b^+ \left[n^+ \left(r \cdot \frac{dE}{dr} + E \right) + r \cdot E \cdot \frac{dn^+}{dr} \right] \qquad (3.10)$$

und

$$q-\alpha n^+ n^- = -b^- \left[n^- \left(r \cdot \frac{dE}{dr} + E \right) + r \cdot E \cdot \frac{dn^-}{dr} \right]. \qquad (3.11)$$

Die positive Raumladungsdichte an der Stelle r ist gegeben durch:

$$\rho^+(r) = e \left[n^+(r) - n^-(r) \right]. \qquad (3.12)$$

Wegen div D = ρ ist demnach

$$r \cdot \frac{dE}{dr} + E = \frac{e}{\epsilon_o}(n^+ - n^-) \cdot r. \qquad (3.13)$$

Im folgenden soll zur Abkürzung der Schreibweise

$$\frac{dK(r)}{dr} = K'(r)$$

gesetzt werden.

Das Gesetz von der Stromaufteilung in ionisierten Gasen lautet [22;23;11]:

$$i = F(r) \cdot E(r) \sum_\nu Q_\nu \cdot b_\nu \cdot n_\nu . \qquad (3.14)$$

Hat man es, wie in unserem Fall, nur mit einfach geladenen Kleinionen beiderlei Vorzeichens zu tun, dann gilt für den Gesamtstrom durch die zylindrische Kammer

$$i = 2\pi l e \cdot r \cdot E(r) \left\{ b^+ n^+(r) + b^- n^-(r) \right\}, \qquad (3.15)$$

wobei l die Länge der Kammer ist.

Der Strom i muß durch jede Durchtrittsfläche an der Stelle r derselbe sein. Daher muß Gl. (3.15) nach r differenziert Null ergeben. Tatsächlich ist, wovon man sich leicht überzeugen kann, i' = 0 identisch mit der Differenz von Gl. (3.10) und Gl. (3.11), also

$$b^+ \left[n^+(rE'+E)+rEn^{+'} \right] = -b^- \left[n^-(rE'+E)+rEn^{-'} \right]. \qquad (3.16)$$

Für die Bestimmung der drei unbekannten Größen $n^+(r)$, $n^-(r)$ und $E(r)$ stehen somit drei voneinander unabhängige Gleichungen zur Verfügung, nämlich (3.10), (3.11) und (3.13).

Durch etwas mühsames gegenseitiges Einsetzen findet man schließlich die Feldgleichung für zylindrische Ionisationskammern. Mit

$$w = \tfrac{1}{2} r^2 \cdot E^2 \qquad (3.17)$$

lautet sie

$$2a_1 \left[\frac{ww''}{r^2} - \frac{ww'}{r^3} \right] - a_3 \left(\frac{w'}{r} \right)^2 + i \cdot a_4 \frac{w'}{r} - 2qa_5 w + i^2 a_2 = 0. \qquad (3.18)$$

Die Koeffizienten a_1 bis a_5 lauten:

$$a_1 = \frac{b^+ \epsilon_o}{e}, \qquad a_2 = \frac{a}{b^-(b^++b^-)(2\pi e l)^2}$$

$$a_3 = \frac{a\epsilon_o^2 b^+}{e^2(b^++b^-)}, \qquad a_4 = \frac{a\epsilon_o(b^--b^+)}{2\pi l e^2 b^-(b^++b^-)} \qquad (3.19)$$

$$a_5 = \frac{b^++b^-}{b^-}.$$

Eine allgemeine Lösung der Feldgleichung wurde bisher noch nicht gefunden. Zunächst soll der Fall der Stromsättigung betrachtet werden.

Nach [5;6;7;8;9] kann in diesem Fall die Volumenrekombination vernachlässigt werden. Damit wird

$$a_2 = a_3 = a_4 = 0$$

und die Feldgleichung (3.18) vereinfacht sich zu

$$w''r^2 - w'r = 4K_0 r^4$$

mit (3.20)

$$K_0 = \frac{qe(b^+ + b^-)}{4\epsilon_0 b^+ b^-}.$$

Das ist eine lineare Euler'sche Differentialgleichung, deren allgemeine Lösung man aus dem Ansatz

$$w = c_0 + c_1 r + c_2 r^2 + c_3 r^3 + c_4 r^4$$

gewinnt. Mit den unbestimmten Konstanten

$$2c_0 = K_1 \quad \text{und} \quad 2c_2 = K_2$$

gilt

$$E(r) = \sqrt{K_2 + K_1 r^{-2} + K_0 r^2}. \tag{3.21}$$

Aus der Bedingung, daß im Sättigungsbereich alle Ionen, die durch die α-Strahlung erzeugt werden, entsprechend ihrer Polarität an den Elektroden rekombinieren, folgt für den Sättigungsstrom:

$$i_s = 2\pi \cdot 1 \cdot e(r_a^2 - r_i^2) \cdot q, \tag{3.22}$$

wobei r_a der Radius der äußeren und r_i der Radius der inneren Elektrode ist. Da K_0 stets $\neq 0$, folgt aus Gl. (3.21), daß E nicht streng proportional zu $\frac{1}{r}$ sein kann. Dies steht im Widerspruch zu [5;6;7;8;9]. Dann kann aber auch keine Raumladungsfreiheit in der gesättigten Kammer vorliegen. Folglich ist

$$n^+(r) \neq n^-(r).$$

Ausführlicher als es bisher geschehen ist, muß für gesättigte Kammern untersucht werden, inwieweit die Annahme $n^+(r) = n^-(r)$ eine noch zulässige Näherung darstellt.

Wir wollen uns nun wieder der ungesättigten Kammer und der allgemeinen Feldgleichung (3.18) zuwenden:

Man erkennt sofort, daß eine partikuläre Lösung

$w' = 0$

und damit

$$w = \frac{i^2 a_2}{2qa_5} \quad (3.23)$$

existiert.

Setzt man für a_2 und a_5 die entsprechenden Größen nach Gl. (3.17) und (3.19) ein, so findet man

$$E(r) = \frac{i}{2\pi el(b^+ + b^-)} \cdot \frac{1}{r} \cdot \sqrt{\frac{a}{q}}$$

oder

$$i = 2\pi el \cdot E(r) \cdot r \cdot (b^+ + b^-) \sqrt{q/a}. \quad (3.24)$$

Ein Vergleich mit Gl. (3.15) zeigt

$$n^+ = n^- = \sqrt{q/a} \neq f(r)$$

und

$$E(r) \sim \frac{1}{r}.$$

$\sqrt{q/a}$ ist aber gerade die Dichte der positiven und die Dichte der negativen Kleinionen im stationären Zustand, wenn kein elektrisches Feld vorhanden ist (vgl. Abschnitt 2.3, Gl. (2.18)).

Aus $w' = 0$ folgt mit Gl. (3.17)

$$E + rE' = 0,$$

was mit Hilfe von Gl. (3.13) ebenfalls auf $n^+ = n^-$ führt.

Aus $E + rE' = 0$ und $\mathcal{E} = -\text{grad}\varphi$ folgt, wenn E von der äußeren Elektrode zur inneren positiv gezählt wird:

$$E(r) = \frac{K}{r}$$

und

$$\varphi(r) = C + K \ln r.$$

Mit den Randbedingungen

$$\varphi(r_i) = 0 \quad \text{und} \quad \varphi(r_a) = +U$$

ergibt sich schließlich

$$E(r) = \frac{1}{r} \cdot \frac{U}{\ln(r_a/r_i)}. \quad (3.25)$$

Die spezielle Lösung der allgemeinen Feldgleichung (w' = 0) führt damit auf

$$i_o = \frac{2\pi e l}{\ln(r_a/r_i)} \cdot (b^+ + b^-) \cdot n_o \cdot U. \qquad (3.26)$$

Der Index o bei i_o soll kennzeichnen, daß es sich um den Strom durch die Kammer bei Abwesenheit von Partikeln handelt. i_o wird im folgenden mit "Kammerruhestrom" bezeichnet.

4. Meßkammer im Ohm'schen Bereich

Es ist sinnvoll, eine raumladungsfreie, ungesättigte und zylindrische Ionisationsmeßkammer aufzubauen, da für diesen Fall eine Lösung der Feldgleichung Gl. (3.18) bekannt ist. An einer Meßkammer mit diesen Eigenschaften müßte eine Strom-Spannungs-Kennlinie gemessen werden können, die im Anfangsbereich eine Ohm'sche Gerade durch den Nullpunkt darstellt.

4.1 Konstruktion der Meßkammer

Für die Form und Abmessungen der Ionisationsmeßkammer wurde die spezielle Lösung Gl. (3.26) der allgemeinen Feldgleichung zugrunde gelegt. Es wurde eine zylindrische Kammer gewählt, die axial vom Aerosol durchströmt wird. Den mechanischen Aufbau der Meßkammer zeigt Abb. 4/1. Maße und Anordnung der Einzelteile können der Konstruktionszeichnung Abb. 4/2 entnommen werden.

Die Meßkammer besteht aus einem Messingzylinder, welcher als Außenelektrode dient. Ein Messingstab, der als Innenelektrode bildet, ist zentrisch und hochisoliert in der Außenelektrode angeordnet. Die Innenelektrode ist in zwei Teflonhülsen befestigt, die zur Vergrößerung der Oberflächen an ihren Enden mit je einem Bund versehen wurden. Für die Innenelektrode ergibt sich eine wirksame Länge von 150 mm. Die Teflonhülsen sind in Messingröhrchen eingelagert, welche über die tragenden Messingstege leitend mit der Außenelektrode verbunden sind und somit auf dem gleichen Potential liegen wie diese. Durch diese Maßnahme wird eine bessere axiale Begrenzung des elektrischen Radialfeldes erreicht und die Randverzerrungen des Feldes durch die Befestigungsstege vermindert. Der vom Radialfeld durchsetzte Raum ist die aktive Zone der Meßkammer. Zur Ionisierung dieser Zone sind an der Innenwandung der Kammer zwei α-Strahler angebracht. Um eine möglichst homogene Ionisierung zu erreichen, wurden diese Strahler um 90° gegeneinander versetzt angeordnet. Die Strahler sind nicht symmetrisch zur Mitte der aktiven Zone montiert, sondern in Richtung der Eintrittsöffnung vorgezogen, um die als Folge der Strömung auftretende Ionenabdrift auszugleichen. Die günstigste Lokalisation der Strahler wurde durch Versuche ermittelt, bevor diese mit einer dünnen Schicht eines handelsüblichen Schnellklebers befestigt wurden. Durch den am Ende der Kammer angebrachten Lüfter wird das Aerosol in die Kammer eingesaugt. Die mittlere axiale Strömungsgeschwindigkeit durch die Kammer wurde durch Verkleinern der Ein- und Austrittsöffnung auf 0,2 m/s reduziert. Bei den gewählten Abmessungen ist die Reynold'sche Zahl Re > 10^5, die Strömung in der Meßkammer ist also mit Sicherheit turbulent. Dadurch wird eine homogene Partikelverteilung in der aktiven Kammerzone erreicht. Da die Eintrittsgeschwindigkeit wesentlich größer ist als die mittlere axiale Strömungsgeschwindigkeit in der Kammer, sind die Anlagerungseffekte und somit das Meßergebnis weitgehend unabhängig von Betrag und Richtung der äußeren Strömung des Aerosols. Die Kammer arbeitet also nahezu windunabhängig. Die günstigsten Abmessungen und Anordnungen der Ein- und Austrittsöffnung wurden im Versuch ermittelt. Es wurde ein Lüfter der Type 8550, Hersteller Papst-Motoren KG, St. Georgen, verwendet, der frei ausblasend folgende Daten hat:

Luftfördermenge:	65 m^3/h
Drehzahl:	2650 U/min
Spannung:	220 V
Leistungsaufnahme:	14 W
Außenmaße:	79,5·79,5·38 mm^3

Die Halterungen der Meßkammer sind isoliert anzubringen, da über den Außenmantel die Kammerspannung zugeführt wird. Form und Abmessungen der Halterungen müssen der jeweiligen Meßaufgabe angepaßt werden und sind deshalb in der Konstruktionszeichnung nicht aufgeführt.

4.2 Strom-Spannungs-Kennlinie ohne Rauch

Die Abhängigkeit des Kammerruhestromes von der Kammerspannung ist in Abb. 4/3 gezeigt. Der Kammerruhestrom wurde mit einem Elektrometer (Ri = 10^8 Ω) gemessen. Im unteren Teil der Kennlinie besteht ein linearer Zusammenhang zwischen Kammerstrom und Kammerspannung, die Kennlinie folgt der Ohm'schen Geraden bis zu einer Spannung von ca. 60 V und einem Strom von 1,8 nA. Dieser Bereich wird als Ohm'scher Bereich bezeichnet. Darüber geht die Kennlinie in den Sättigungsbereich über. Für Kammerspannungen über 400 V bleibt der Kammerstrom konstant, er beträgt 5,1 nA. Mit steigender Umgebungstemperatur nimmt die Steilheit der Strom-Spannungs-Kennlinie im linearen Bereich zu und flacht im Sättigungsbereich ab (vgl. Abschnitt 7.). Für den Arbeitspunkt bei 20°C wurde eine Kammerspannung von 9 V gewählt, bei der ein Kammerruhestrom von 0,3 nA fließt. Damit ist sichergestellt, daß für die in Abschnitt 4.1 beschriebene Meßkammeranordnung die spezielle Lösung (3.26) der Feldgleichung (3.18) Gültigkeit besitzt.

Setzt man entsprechend Gl. (2.18) für $n_o = \sqrt{q/a}$ und löst man dann Gl. (3.26) nach q auf, so läßt sich damit aus der gemessenen Strom-Spannungs-Kennlinie die Ionisierungsstärke bestimmen. Aus

$$q = a \cdot \left[\frac{i_o}{U} \cdot \frac{\ln(r_a/r_i)}{2\pi el(b^+ + b^-)} \right]^2 \qquad (4.1)$$

ergibt sich

$$q = 30{,}84 \cdot 10^6 \text{ cm}^{-3}\text{s}^{-1}. \tag{4.2}$$

Mit Hilfe von Gl. (3.22) und dem gemessenen Sättigungsstrom $i_s = 5{,}1$ nA läßt sich die Ionisierungsstärke ebenfalls ermitteln. Es ist

$$q = \frac{i_s}{2eV} \tag{4.3}$$

$V = \pi \cdot l(r_a^2 - r_i^2) = 512{,}5 \text{ cm}^3$ ist das wirksame Kammervolumen. Damit ergibt sich aus Gl. (4.3)

$$q = 31{,}1 \cdot 10^6 \text{ cm}^{-3}\text{s}^{-1} \tag{4.4}$$

in guter Übereinstimmung mit Gl. (4.2). Diese Übereinstimmung bestätigt auch den Zahlenwert für den Rekombinationskoeffizienten α, der in Gl. (4.1) eingesetzt wurde, nämlich

$$\alpha = 6{,}32 \cdot 10^{-6} \text{ cm}^3\text{s}^{-1}$$

(vgl. Gl. (2.20)).

Schließlich kann die Ionisierungsstärke nach Gl. (2.9) berechnet werden. Nach Abschnitt 2.1 wurde bei einer Temperatur von 20°C eine mittlere Reichweite der α-Teilchen von R = 2,8 cm gemessen. Aus Abb. 2/1 findet man für diese Reichweite eine Austrittsenergie von E = 4,5 MeV. Die Radioaktivität beider in der Kammer verwendeter Strahler beträgt zusammen A = 25,4 μCi. Mit diesen Daten ergibt sich aus Gl. (2.9):

$$q = 231{,}9 \cdot 10^6 \text{ cm}^{-3}\text{s}^{-1}. \tag{4.5}$$

Dieser Wert für die Ionisierungsstärke ist 7,5 mal größer als der aus der Kennlinie bestimmte Wert. Eine mögliche Ursache für diesen Unterschied könnte eine nicht homogene Ionisierung in axialer Richtung sein. In diesem Fall würde die tatsächlich wirksame Länge der Kammer kleiner als l = 15 cm sein. Eine inhomogene Ionisierung würde gleichzeitig die Rekombinationsrate erhöhen. Damit ergibt sich aber für die über das Kammervolumen gemittelte Ionisierungsstärke, die aus der Kennlinie bestimmt werden kann, ein kleinerer Wert, als nach Gl. (2.9) zu erwarten ist.

Mit dem Wert von Gl. (4.2) oder Gl. (4.4) ergibt sich eine Dichte der positiven und negativen Kleinionen in der Meßkammer von

$$n_o = \sqrt{q/\alpha} = 2{,}2 \cdot 10^6 \text{ Ionen/cm}^3. \tag{4.6}$$

5. Kleinionenanlagerung

Es sollen nun die Anlagerungs- und Rekombinationsvorgänge zwischen Kleinionen und Aerosolpartikeln betrachtet werden. Dabei sei zunächst ein feldfreier und abgeschlossener Raum vorausgesetzt.

In diesem Raum seien zum Zeitpunkt t = 0 Aerosolpartikeln der Konzentration z_0 vorhanden. Es sollen keine weiteren Partikeln in den Raum hinein oder aus dem Raum heraus gelangen können. Unter diesen Voraussetzungen gilt das folgende Differentialgleichungssystem [11]:

$$\begin{aligned}
\dot{n}^+ &= q - an^+n^- - a_1 n^+ N^- - \beta^+ n^+ z \\
\dot{n}^- &= q - an^+n^- - a_2 n^- N^+ - \beta^- n^- z \\
\dot{N}^+ &= \beta^+ n^+ z - a_2 n^- N^+ - a_3 N^- N^+ \\
\dot{N}^- &= \beta^- n^- z - a_1 n^+ N^- - a_3 N^- N^+ \\
\dot{z} &= a_2 n^- N^+ + a_1 n^+ N^- + 2a_3 N^- N^+ - \beta^+ n^+ z - \beta^- n^- z.
\end{aligned} \qquad (5.1)$$

Darin bedeutet z = z(t) die Konzentration der ungeladenen Aerosolpartikeln zum Zeitpunkt t, $N^\pm$ die Dichte der Partikeln mit angelagertem positiven oder negativen Kleinion. a, a_1, a_2 und a_3 sind die entsprechenden Rekombinationskoeffizienten. β^+ und β^- sind die Anlagerungskoeffizienten. Zum Gleichungssystem (5.1) kommt noch die notwendige Bedingung für das Ladungsgleichgewicht hinzu:

$$n^+ + N^+ = n^- + N^-. \qquad (5.2)$$

Ferner gilt

$$z = z_0 - (N^+ + N^-). \qquad (5.3)$$

Wegen der viel größeren Masse der Großionen gegenüber der Masse der Kleinionen kann die Rekombination zwischen Großionen vernachlässigt werden ($a_3 \approx 0$). Schließlich gilt näherungsweise:

$$a_1 = a_2 = \beta^+ = \beta^- = \beta$$

und damit

$$n^+ = n^- = n \quad \text{und} \quad N^+ = N^- = N. \qquad (5.4)$$

Das Gleichungssystem (5.1) vereinfacht sich nun zu

$$\begin{aligned}
\dot{n} &= q - an^2 - \beta n(N+z) \\
\dot{N} &= \beta n(z-N) \\
\dot{z} &= 2\beta n(N-z)
\end{aligned} \qquad (5.5)$$

und unter Zuhilfenahme von Gl. (5.3) zu

$$\begin{aligned}
\dot{n} &= q - an^2 - \frac{\beta}{2}(z_0+z)n \\
\dot{z} &= \beta(z_0-3z)n
\end{aligned} \qquad (5.6)$$

Daraus findet man die Differentialgleichung

$$n\ddot{n} - \dot{n}^2 + (3\beta - a)n^2 \dot{n} + q\dot{n} = 3\beta a n^2 \left[\left(\frac{\beta z_0}{3a}\right)^2 + n_0^2 - n + \left(\frac{\beta z_0}{3a}\right)^2 \right]. \qquad (5.7)$$

21

Mit $n(0) = n_o = \sqrt{q/a}$ lautet die Lösung:

$$n(t) = \frac{P \cdot \left(\frac{\beta z_o}{3a} - W\right) - \left(\frac{\beta z_o}{3a} + W\right) e^{-3aWt}}{e^{-3aWt} - P} \qquad (5.8)$$

Es bedeuten

$$W = \sqrt{n_o^2 + \left(\frac{\beta z_o}{3a}\right)^2}$$

und (5.9)

$$P = \frac{n_o + \frac{\beta z_o}{3a} + W}{n_o + \frac{\beta z_o}{3a} - W}$$

Die Dichte der positiven und negativen Kleinionen im stationären Fall ($\dot{n} = 0$; $t \to \infty$) ist:

$$n_\infty = \sqrt{n_o^2 + \left(\frac{\beta z_o}{3a}\right)^2} - \frac{\beta z_o}{3a} \qquad (5.10)$$

Bei der Berechnung der Kleinionendichte in gesättigten Ionisationskammern [5;6;7;8;9] wurde die Konzentration z der Partikeln als zeitlich konstant angesehen, also $z \neq f(t)$ bzw. $z = z_o$. Das widerspricht aber dem Gleichungssystem (5.1). Erst nach Einführung der jeweiligen Anfangsbedingungen darf nämlich in den Gleichungen der zeitliche Differentialquotient der einzelnen Größen gleich Null gesetzt werden, wenn der stationäre Fall berechnet werden soll. Es muß also geprüft werden, inwieweit die Annahme einer konstanten Partikelkonzentration als Näherung noch zulässig ist.

Im folgenden besteht die Aufgabe darin, die stationäre Kleinionendichte für den Fall zu ermitteln, daß ein elektrisches Feld vorhanden ist. Ferner wird der Einfluß der axialen Strömung durch die Kammer zu untersuchen sein.

6. Charakteristische Kammergleichung

Wenn zusätzlich ein elektrisches Feld wirksam ist, wird die Dichte der Kleinionen im Raum zwischen den Elektroden mit der Zeit abnehmen, weil die cluster an den Elektroden umgekehrter Polarität rekombinieren. Da $n^+ = n^- \neq n(r)$, ist die zeitliche Dichteänderung der Kleinionen beiderlei Vorzeichens dem Strom i proportional, nämlich

$$\dot{n}_E^+ + \dot{n}_E^- = -\frac{i}{eV}, \qquad (6.1)$$

wobei V das Kammervolumen bedeutet. Für die Dichteänderung einer Kleinionenart gilt entsprechend:

$$\dot{n}_E = -\frac{i}{2eV} \tag{6.2}$$

Wenn auch für die Meßkammer mit Aerosolpartikeln ein linearer Zusammenhang zwischen Strom und Spannung gelten soll - was später anhand der Kennlinien bestätigt werden wird -, muß entsprechend Gl. (3.26)

$$i = \frac{2\pi e l}{\ln(r_a/r_i)} \cdot (b^+ + b^-) \cdot n_\infty \cdot U \tag{6.3}$$

sein.

Damit gilt:

$$\dot{n}_E = -\frac{(b^+ + b^-) \cdot U}{(r_a^2 - r_i^2)\ln(r_a/r_i)} \cdot n_\infty = -K \cdot U \cdot n_\infty . \tag{6.4}$$

Im stationären Zustand müssen pro Zeiteinheit gleich viele Kleinionen entstehen wie verschwinden. Mit Berücksichtigung der Feldwirkung geht Gl. (5.6) über in

$$q = \alpha n_\infty^2 + (\tfrac{2}{3}\beta z_o + K \cdot U) \cdot n_\infty \tag{6.5}$$

und damit

$$n_\infty = \sqrt{n_o^2 + \left(\frac{\beta z_o + 1{,}5 \cdot K \cdot U}{3\alpha}\right)^2} - \frac{\beta z_o + 1{,}5 \cdot K \cdot U}{3\alpha}. \tag{6.6}$$

Wenn der Strom i der Kleinionendichte n_∞ proportional ist, andererseits aber auch linear von U abhängen soll, dann ist das nur möglich, wenn

$$1{,}5 \cdot K \cdot U \ll \beta z_o. \tag{6.7}$$

Nach dem Bricard'schen Anlagerungsgesetz [24;25;26;27] ist die Anlagerungswahrscheinlichkeit β dem Radius der Partikel direkt proportional, also

$$\beta = c_B \cdot \frac{d}{2}. \tag{6.8}$$

Darin bedeutet c_B die Bricard-Konstante. Sie ist kaum stoffabhängig und beträgt

$$c_B = 0{,}307 \ cm^2 s^{-1}. \tag{6.9}$$

Damit gilt entsprechend der Bedingung (6.7):

$$\frac{3{,}42 \cdot \left(\frac{U}{V}\right)}{\left[\left(\frac{r_a}{cm}\right)^2 - \left(\frac{r_i}{cm}\right)^2\right] \cdot \ln(r_a/r_i)} \ll \left(\frac{d}{\mu m}\right) \cdot \left(\frac{z_o}{10^5 \ cm^{-3}}\right) \tag{6.10}$$

Wenn sich bei Messungen der Strom-Spannungs-Kennlinien der Kammer mit Aerosolpartikeln für verschiedene Konzentrationen oder verschiedene Partikeldurchmesser stets Geraden durch den Nullpunkt ergeben, dann kann Gl. (6.10) als erfüllt angesehen werden, und es gilt Gl. (5.10) für die Kleinionendichte im stationären Zustand.

Es muß hier noch vermerkt werden, daß stets angenommen wurde, daß die Großionen keinen Beitrag zum Ladungstransport liefern, der Strom also nur von der Bewegung der Kleinionen im elektrischen Feld herrührt. Wie aus Tab. 2 in Abschnitt 2.2 hervorgeht, ist nämlich die Beweglichkeit der Großionen mindestens 1000 mal kleiner als die der Kleinionen, so daß alle mit Kleinionen beladenen Partikeln praktisch als unbeweglich angesehen werden können.

Unter allen genannten Voraussetzungen gilt somit für den auf den Ruhestrom ohne Partikeln bezogenen Strom:

$$\frac{i}{i_o} = \frac{n_\infty}{n_o} = \sqrt{1 + \left(\frac{\beta z_o}{3a \cdot n_o}\right)^2} - \frac{\beta z_o}{3a \cdot n_o} \quad . \tag{6.11}$$

Versteht man unter $+\Delta i$ den Stromrückgang bei Eindringen von Partikeln in die Kammer, also

$$\Delta i = i_o - i, \tag{6.12}$$

und bezeichnet man den auf den Kammerruhestrom bezogenen Stromrückgang mit x, also

$$x = \frac{\Delta i}{i_o} = 1 - \frac{i}{i_o}, \tag{6.13}$$

dann ergibt sich aus Gl. (6.11):

$$\frac{2\beta z_o}{3a n_o} = x \cdot \frac{2-x}{1-x}. \tag{6.14}$$

Zur Abkürzung soll vereinbart werden:

$$x \cdot \frac{2-x}{1-x} = y(x) \tag{6.15}$$

und

$$\frac{3a \cdot n_o}{c_B} = \frac{3}{c_B} \sqrt{aq} = \eta . \tag{6.16}$$

Unter Zuhilfenahme des Bricard'schen Gesetzes (6.8) findet man dann

$$d \cdot z_o = \eta \cdot y(x). \tag{6.17}$$

Der Partikeldurchmesser d ist die einzige statistisch abhängige Größe, wenn es sich bei dem Aerosol um eine Polydispersion handelt. Der Erwartungswert von $d \cdot z_o$ ist $\bar{d} \cdot z_o$, wobei $\bar{d}$ der arithmetische Mittelwert der Partikeldurchmesser des Aerosols ist. Für ein beliebiges Aerosol gilt also:

$$\bar{d} \cdot z_o = \eta \cdot y(x). \tag{6.18}$$

Das ist die charakteristische Kammergleichung.

Setzt man für a den Wert aus Gl. (2.20), für n_o den Wert aus Gl. (4.6) und für c_B den Wert aus Gl. (6.9) ein, so findet man

$$\eta = 136,5 \text{ cm}^{-2} \tag{6.19}$$

und

$$\left(\frac{\bar{d}}{\mu m}\right) \cdot \left(\frac{z_o}{10^5 \text{ cm}^{-3}}\right) = 13,65 \cdot y(x). \tag{6.20}$$

Der bezogene Stromrückgang x kann maximal 1 werden. Dort besitzt die chrakteristische Kammergleichung einen Pol. Nimmt man an, daß ein kleinster Wert für x von x = 0,05 noch genau genug gemessen werden kann (praktisch ist das gegeben), dann bedeutet das, daß mit der Meßkammer kleinste Partikelkonzentrationen von $z_o$min = 10^5 Partikeln/cm³ gemessen werden können, wenn der mittlere Partikeldurchmesser d = 1 μm beträgt. Wegen des asymptotischen Verhaltens der Funktion y(x) wird die Messung von x = 0,85 an sehr schnell ungenauer. Daher ist die größte noch meßbare Partikelkonzentration (bei einem Partikeldurchmesser von $\bar{d}$ = 1 μm) $z_o$max = 10^7 Partikeln/cm³. Für größere Partikeldurchmesser werden die meßbaren Konzentrationen entsprechend kleiner und umgekehrt. Der Empfindlichkeitsbereich der hier beschriebenen Ionisationsmeßkammer ist geeignet für ein Vergleichsmeßgerät zum Testen von Rauchmeldern. Ist ein anderer Meßbereich erwünscht, so kann dies durch eine entsprechende Dimensionierung der Kammer erreicht werden.
Um in einem Bereich geringerer Konzentration bei gleichem Partikeldurchmesser bzw. geringerer Partikeldurchmesser bei gleicher Konzentration messen zu können, muß η verringert werden. Die Meßkammer muß so dimensioniert werden, daß n_o kleiner wird. Da

$$n_o = \text{const} \cdot \left(\frac{i_o}{U}\right) \cdot \frac{\ln(r_a/r_i)}{l},$$

muß r_a/r_i kleiner und l größer gewählt werden. Die Ionisierungsstärke q beeinflußt die Steigung der Strom-Spannungs-Kennlinie (i_o/U). Nach Gl. (2.9) wird q verringert, wenn man l vergrößert, ($r_a^2 - r_i^2$) vergrößert und die Aktivität A verringert. Dabei ist zu beachten, daß es nicht möglich ist, r_a/r_i zu verringern und gleichzeitig $r_a^2 - r_i^2$ zu vergrößern. Ferner ist zu beachten, daß r_a natürlich nicht beliebig gewählt werden darf, weil der Radius der äußeren Zylinderelektrode nicht viel größer und nicht viel kleiner als die Reichweite der α-Teilchen sein sollte. Bei allen konstruktiven Abänderungen der Kammer muß gewährleistet sein, daß die Strom-Spannungs-Kennlinie eine Ohm'sche Gerade bleibt. Nur dann ist die charakteristische Kammergleichung (6.18) gültig.

6.1 Berücksichtigung der axialen Strömung

Bevor die charakteristische Kammergleichung experimentell geprüft werden kann, muß der Einfluß der axialen Strömung durch die Kammer ermittelt werden.

Bisher wurde stets Stationarität angenommen. Bei gegebener Partikelkonzentration z_o und gegebenem Partikeldurchmesser d würde sich $x = \Delta i/i_o$ erst nach unendlich langer Zeit einstellen. Das Aerosol strömt jedoch mit einer Geschwindigkeit von $v = 0,2$ m/s axial durch die Meßkammer. Am Anfang der aktiven Zone ist daher die Kleinionenkonzentration zu jedem Zeitpunkt $n = n_o$, am Ende dagegen $n = n(l/v)$. Entsprechend der Strömungsgeschwindigkeit stellt sich in axialer Richtung ein Konzentrationsgefälle der Kleinionen ein, das nach Gl. (5.8) berechnet werden kann.

In einem infinitesimal kleinen Längenelement $d\xi$ der zylindrischen Kammer ist der Beitrag der Kleinionen zum Gesamtstrom

$$di = v \cdot K \cdot n(t)dt, \qquad (6.21)$$

wobei

$$K = \frac{2\pi e(b^+ + b^-) \cdot U}{\ln(r_a/r_i)}$$

bedeutet. Der resultierende Gesamtstrom ergibt sich aus der Integration von (6.21):

$$i = v \cdot K \cdot \int_0^{l/v} n(t)\, dt. \qquad (6.22)$$

Wenn eine mittlere Kleinionendichte $\bar{n}$, die an jeder Stelle ξ gleich ist, einen gleich großen Strom i verursacht, muß offenbar gelten:

$$v \cdot K \int_0^{l/v} n(t)\, dt = K \cdot l \cdot \bar{n}.$$

Mithin ist

$$\bar{n} = \frac{v}{l} \int_0^{l/v} n(t)\, dt. \qquad (6.23)$$

Um $\bar{n}$ zu berechnen, muß Gl. (5.8) integriert werden. Danach hat n(t) die Form

$$n(t) = \frac{A\, e^{mt} - B}{1 - P\, e^{mt}}.$$

26

Mit der Substitution $e^{mt} = u$ wird

$$\bar{n} = \frac{v}{lm} \int_1^{e^{ml/v}} \left(\frac{A-BP}{1-Pu} - \frac{B}{u} \right) du$$

und damit

$$\bar{n} = \frac{2v}{3al} \cdot \ln \left(\frac{e^{-\frac{3aW l}{v}} - P}{1 - P} \right) + W - \frac{\beta z_o}{3a} . \qquad (6.24)$$

Bezeichnet man den normierten Stromrückgang für den Fall t vorübergehend mit x*, dann ergibt sich für den normierten Stromrückgang bei Berücksichtigung der Strömung mit Hilfe von Gl. (5.9)

$$x = x^* - \frac{2v}{3a \ln_o} \cdot \ln \left(\frac{e^{-\frac{3aW l}{v}} - P}{1 - P} \right) . \qquad (6.25)$$

Der absolute Fehler, der aus der Vernachlässigung der Strömung entsteht, ist

$$F = x^* - x = \frac{2v}{3a \ln_o} \cdot \ln \left(\frac{e^{-\frac{3aW l}{v}} - P}{1 - P} \right) . \qquad (6.26)$$

In Abb. 6/1 sind für den Fall der nach Abschnitt 4.1 dimensionierten Meßkammer $x = \Delta i/i_o$, $x^* = \Delta i^*/i_o$ und F in Abhängigkeit von $\bar{d} \cdot z$ aufgetragen. Da die Messungen bei x > 0,85 wegen des asymptotischen Verlaufs von y(x) ohnehin nicht mehr genau sind, entnimmt man der Abbildung, daß der Fehler durchaus vernachlässigbar ist. Man kann also mit n_∞ anstelle von $\bar{n}$ rechnen. Die axiale Strömung durch die Kammer braucht nicht berücksichtigt zu werden. Es ist aber zu beachten, daß sich aus der Strömungsgeschwindigkeit und der Länge der Kammer eine Einstellzeit für den Meßwert x von $t_E = l/v = 0,75$ s ergibt.

6.2 Bestätigung der Kammergleichung

In Bezug auf die Abhängigkeit von der Partikelkonzentration z_o konnte die charakteristische Kammergleichung (6.18) durch direkten Vergleich mit Lichtextinktionsmessungen an einem Testaerosol experimentell überprüft werden.

Schließt man Doppel- oder Mehrfachstreuung aus, dann wird der Betrag des Poynting'schen Vektors des einfallenden Lichtes auf dem Weg dL um

$$-dS = S \cdot C_E \cdot z_o \cdot dL \qquad (6.27)$$

infolge der Extinktion an $F \cdot z_0 \cdot dL$ Partikeln abnehmen. In Gl. (6.27) bedeutet S den Betrag des Poynting'schen Vektors und C_E den Extinktionsquerschnitt einer Partikel. Ist S_0 der Betrag des Poynting'schen Vektors am Anfang und S(L) sein Betrag am Ende der Meßstrecke mit der Länge L, dann gilt:

$$S(L) = S_0 \, e^{-C_E \cdot z_0 \cdot L} \quad (6.28)$$

Das ist das Lambert-Beer'sche Gesetz.

Der Extinktionsquerschnitt C_E hängt vom komplexen Brechungsindex der Partikeln ab und von der Größe $\pi d/\lambda$. d ist der Partikeldurchmesser und λ die Lichtwellenlänge. Sind die Partikeldurchmesser des Aerosols statistisch verteilt, handelt es sich also um eine Polydispersion, so kann C_E in Gl. (6.28) durch seinen Erwartungswert $\overline{C_E}$ ersetzt werden. Die auf die Meßweglänge L bezogene Lichtdämpfung für eine bestimmte Lichtwellenlänge λ ist

$$m_\lambda = \frac{1}{L} \lg \frac{S_0}{S(L)} . \quad (6.29)$$

In dem inzwischen neugefaßten DIN-Blatt DIN 1349 wurde m_λ als "dekadischer Extinktionsmodul" bezeichnet. m_λ wird meist in Dezibel/Meter angegeben. Setzt man Gl. (6.28) in Gl. (6.29) ein, dann ist das Resultat:

$$m_\lambda = 0{,}433 \cdot \overline{C_E} \cdot z_0 . \quad (6.30)$$

Bei zeitlich konstantem Partikelgrößenspektrum hängt somit m_λ linear von der Partikelkonzentration z_0 ab. Aus der charakteristischen Kammergleichung folgt

$$z_0 = (\eta / \bar{d}) \cdot y(x) . \quad (6.31)$$

Da η eine Konstante ist und auch $\overline{C_E}$ und $\bar{d}$ unter der genannten Voraussetzung konstant sind, gilt schließlich:

$$m_\lambda = \text{const} \cdot y(x) . \quad (6.32)$$

Zwischen der Lichtdämpfung und $y(x) = x \cdot \frac{2-x}{1-x}$ muß daher ein linearer Zusammenhang bestehen, wenn Gl. (6.18) gültig sein soll.

Als Testaerosol wurde ein Paraffinölnebel verwendet, der mit Hilfe eines Dräger-Nebelentwicklers (Baumuster IV) erzeugt wurde. Das Tröpfchenaerosol wurde in einen abgeschlossenen Umluftkanal [28] geleitet. An derselben Stelle im Innern des Kanals wurden m_λ mit dem Extinktionsmeßgerät und $x = \Delta i/i_0$ mit der Ionisationsmeßkammer gemessen. Es kann davon ausgegangen werden, daß zumindest während der Dauer der Messungen das Tröpfchengrößenspektrum konstant blieb, während die Aerosolzufuhr so gesteuert werden konnte, daß die Tröpfchenkonzentration linear mit der Zeit zunahm.

Das Ergebnis der Messungen ist in Abb. 6/2 dargestellt.

Hier ist y(x) nicht als Funktion von m_λ aufgetragen, sondern als Funktion von z/z_1. Nach Gl. (6.30) und Gl. (6.31) ist nämlich

$$\frac{m_\lambda}{m_{\lambda 1}} = \frac{z}{z_1} = \frac{y(x)}{y(x_1)}$$

und damit

$$y(x) = \text{const} \cdot \frac{z}{z_1} .$$

Einer Partikelkonzentration z_1 entspricht eine Lichtdämpfung pro Längeneinheit von $m_{\lambda 1}$ = 0,5 dB/m. Zusätzlich ist in der Abbildung noch die ursprünglich gemessene Größe x = $\Delta i/i_o$ eingetragen, aus der y(x) berechnet wurde. Man erkennt, daß sich tatsächlich ein linearer Zusammenhang zwischen y(x) und z/z_1 ergab. Damit ist die charakteristische Gl. (6.18) in Bezug auf die Abhängigkeit von z_o bestätigt. Das Experiment sagt jedoch nichts über die Abhängigkeit der Funktion y(x) von $\bar{d}$ aus, da ja $\bar{d}$ laut Voraussetzung konstant gehalten wurde. Hier müssen zukünftig noch Tests durchgeführt werden. Wegen des ungleich höheren experimentellen Aufwandes konnte das bisher nicht geschehen. Es müßten dazu Aerosole mit verschiedenen Korngrößenspektren erzeugt werden. Gleichzeitig muß die Partikelkonzentration zuverlässig gemessen werden können. Testversuche mit monodispersen Latex-Aerosolen waren wegen der zu großen Aerosolmengen, die dazu nötig gewesen wären, nicht durchführbar.

7. Temperaturabhängigkeit des Kammerstromes

Wie aufgrund der Kenntnis des Verhaltens der meisten Rauchmelder nach dem Ionisationskammerprinzip zu erwarten war, zeigte auch der Strom durch die hier beschriebene Meßkammer eine nicht zu vernachlässigende Abhängigkeit von der Umgebungstemperatur. Nähere Untersuchungen ergaben, daß der Kammerstrom mit wachsender Umgebungstemperatur bei konstanter Kammerspannung zunimmt, solange der Strom viel kleiner als der Sättigungsstrom ist. Der Sättigungsstrom selbst wird jedoch mit wachsender Umgebungstemperatur kleiner. Im Bereich unterhalb der Sättigung bleiben die I-U-Kennlinien der hier behandelten Meßkammer auch bei höheren und tieferen Temperaturen Ohm'sche Geraden. Das gilt sowohl für den Fall, daß keine Partikeln in der Meßkammer vorhanden sind als auch für den Fall mit Aerosol in der Kammer. Daher bleibt das Verhältnis x = $\Delta i/i_o$ unabhängig von der Umgebungstemperatur ϑ.

Abb. 7/1 zeigt als Beispiel 3 gemessene I-U-Kennlinien im Fall x = 0 für Umgebungstemperaturen von $20^\circ C$, $35^\circ C$ und $50^\circ C$. Wenn sich während einer Messung mit der Ionisationskammer die Umgebungstemperatur nicht ändert (i_o = const), dann kann x = $\Delta i/i_o$ und damit y(x) bei beliebigen Temperaturen richtig bestimmt werden, da man i_o bei Beginn der Messung kennt. Anders wird es jedoch sein, wenn sich die Umgebungstemperatur während der Messung ändert, weil sich in diesem Fall auch der Bezugspunkt i_o ändert. Dieser Fall wird aber gerade im Hinblick auf den geplanten Einsatz der Meßkammer bei Brandversuchen im Testlaboratorium besonders häufig eintreten. Daraus ergibt sich die Notwendigkeit, den Kammerruhestrom i_o über einen großen Temperaturbereich konstant zu halten. Eine Möglichkeit, die Temperaturabhängigkeit des Kammerruhestromes zu kompensieren, besteht darin, den Verstärkungsfaktor des zur Messung der kleinen Kammerströme notwendigen Elektrometerverstärkers in Abhängigkeit von der Umgebungstemperatur zu verändern. Dazu könnten der Widerstand R' oder R" (Abb. 8/1) als temperaturabhängige Widerstände ausgelegt werden. Da das Teilerverhältnis dieser Widerstände zur Einstellung der erforderlichen Spannungsverstärkung geringfügig geändert werden muß, empfiehlt sich diese Methode nicht. Realisiert wurde eine Stabilisierung des Kammerruhestromes durch eine temperaturabhängige Meßkammerspannung. Der erforderliche Verlauf der Meßkammerspannung in Abhängigkeit von der Umgebungstemperatur wurde gemessen. Er geht aus Abb. 7/2 hervor.

Da, wie in Abb. 7/1 gezeigt, die I-U-Kennlinien unterhalb der Stromsättigung Geraden bleiben, muß gelten

$$i_o = m(\vartheta) \cdot U. \tag{7.1}$$

Der Versuch einer linearen Regression für $m(\vartheta)$ mit den Meßdaten von Abb. 7/2 im dort eingezeichneten Bereich, ergab, daß sich $m(\vartheta)$ hier darstellen läßt als

$$m(\vartheta) = a + b \cdot \vartheta, \tag{7.2}$$

mit

$$a = 26{,}81 \cdot 10^{-12} \text{ A/V} \quad \text{und} \quad b = 30{,}33 \cdot 10^{-14} \text{ A/V}^\circ\text{C}. \tag{7.3}$$

Der Korrelationskoeffizient beträgt $\rho = 0{,}973$.

Da andererseits mit Gl. (2.18) und Gl. (3.26) auch gilt:

$$i_o \sim b^{\pm} \sqrt{q/a} \cdot U$$

und weil (Gl. 2.19)) $a \sim b^{\pm}$ und ferner

$$b^{\pm} \sim \frac{1}{\sqrt{T}} \quad \text{(T: Temperatur in K)}$$

folgt

$$i_o \sim T^{-1/4} \cdot \sqrt{q(T)} \cdot U. \tag{7.4}$$

Ein Vergleich mit Gl. (7.1) ergibt, daß die Ionisierungsstärke mit der Temperatur ϑ zunehmen muß wie

$$q(\vartheta) = q(20^\circ\text{C}) \cdot \left(\frac{m(\vartheta)}{m(20^\circ\text{C})}\right)^2 \cdot \sqrt{\frac{273{,}16+\vartheta}{293{,}16}}. \tag{7.5}$$

Andererseits folgt aus Gl. (2.9)

$$q(\vartheta) = q(20^\circ\text{C}) \cdot \frac{E_a(\vartheta)}{E_a(20^\circ\text{C})}$$

bzw. mit Gl. (2.2)

$$q(\vartheta) = q(20°C) \cdot \left(\frac{R(\vartheta)}{R(20°C)}\right)^{2/3}.$$

Bei p = 760 Torr ergibt sich schließlich mit Gl. (2.3)

$$q(\vartheta) = q(20°C) \left[1+0,0034108\left(\frac{\vartheta}{°C} - 20\right)\right]^{2/3}. \tag{7.6}$$

Die Ionisierungsstärke, die sich aus Gl. (7.5) ergibt, werde nun mit $q_1(\vartheta)$ bezeichnet und die nach Gl. (7.6) mit $q_2(\vartheta)$. In Abb. 7/3 sind q_1 und q_2 in Abhängigkeit von der Kammertemperatur dargestellt. Man erkennt, daß $q_2(\vartheta)$ viel weniger mit wachsender Temperatur zunimmt als $q_1(\vartheta)$. Die Temperaturabhängigkeit des Kammerstromes kann also keinesfalls allein mit der Temperaturabhängigkeit von u, b^+, b^- und q_2 erklärt werden. Es muß vermutet werden, daß sich hier zwei verschiedene Temperatureffekte überlagern bzw. ergänzen. $q_2(\vartheta)$ kann durch einen "Lufteffekt" erklärt werden. Dafür sprechen experimentelle Versuche, bei denen die Ionisationsmeßkammer positiven Temperatursprüngen zum Zeitpunkt t_o ausgesetzt wurde. Die Reaktion des Kammerstromes war ein Sprung bei $t = t_o$ von $i(\vartheta_o)$ nach $i'(\vartheta_1)$ und trägem Anstieg bis $i''(\vartheta_1)$ für $t > t_o$. $i'(\vartheta_1)$ läßt sich recht gut mit Hilfe von Gl. (7.4) und Gl. (7.6) erklären:

$$i'(\vartheta_1) = i(\vartheta_o) \cdot \left(\frac{T_1}{T_o}\right)^{-1/4} \cdot \left(\frac{q_2(\vartheta_1)}{q_2(\vartheta_o)}\right)^{1/2}. \tag{7.7}$$

Der schließlich erreichte Endwert des Kammerstromes ist dagegen

$$i''(\vartheta_1) = i(\vartheta_o) \cdot \left(\frac{T_1}{T_o}\right)^{-1/4} \cdot \left(\frac{q_1(\vartheta_1)}{q_1(\vartheta_o)}\right)^{1/2}. \tag{7.8}$$

Die Tatsache, daß der Kammerstrom bei einem Temperatursprung ebenfalls springt, dann aber träge weiter zunimmt, kann nur bedeuten, daß der Strom zunimmt, weil sich die Ionisierbarkeitsbedingungen, die Rekombinationsbedingungen und die cluster-Beweglichkeit mit der Temperatur ohne Zeitverzögerung ändern und weil gleichzeitig die radioaktiven Am-Präparate mit wachsender Temperatur eine höhere Ionisierungsrate haben. Da die umschlossenen Präparate direkt an der äußeren Zylinderelektrode befestigt sind, kann die Temperatur der Präparate nicht sprunghaft ansteigen, sondern nur entsprechend der Wärmeträgheit des Elektrodenmaterials.

Welcher Effekt dafür verantwortlich ist, daß sich die Eigenschaften der Präparate mit der Temperatur ändern, ist noch ungeklärt.

Völlig ungeklärt muß vorerst auch die Beobachtung bleiben, daß der Sättigungsstrom mit wachsender Temperatur abnimmt.

Die Methode, die Kammerspannung entsprechend Abb. 7/2 der Temperatur automatisch so anzupassen, daß i_o im erwünschten Temperaturbereich konstant bleibt, erwies sich als praktikabel, so daß der Temperatureinfluß auf diese Weise kompensiert werden konnte.

8. Aufbau und Daten des Elektrometerverstärkers

Der Elektrometerverstärker ist unmittelbar über der Teflondurchführung zur Innenelektrode angebracht, damit die hochohmigen Leitungen möglichst kurz gehalten werden können. Als Operationsverstärker wurde das Modell 302 der Firma Keithley Instruments eingesetzt, das folgende Herstellerdaten hat:

Eingangswiderstand:	10^{12} Ω ‖ 5 pF
Offsetstrom:	10^{-14} A
Offsetspannung:	einstellbar $\pm$ 0 V
	2 mV/Woche
	150 μV/°C
Rauschstrom:	$5 \cdot 10^{-15}$ A
Bandbreite:	150 kHz
Ausgangsspannung max.:	$\pm$ 10 V
Ausgangsstrom max.:	$\pm$ 5 mA
Temperaturbereich:	0 ... + 50°C
Betriebsspannungen:	$\pm$ 15 V geregelt auf $\pm$ 0,1 %
Betriebsströme:	$\pm$ 5 mA

Abb. 8/1 zeigt das Prinzipschaltbild des als Impedanzwandler geschalteten Elektrometerverstärkers. Bei der gewählten Schaltung ist die Ausgangsspannung

$$U_a = U_e \frac{R'+R''}{R''} .$$

An einem Widerstand von 10^8 Ω (R_5, Abb. 8/2) entsteht bei rauchfreier Meßkammer ein Spannungsabfall von 30 mV bei einem Kammerstrom von $3 \cdot 10^{-10}$ A und einer Kammerspannung von 9 V. Das entspricht der Lage des gewählten Arbeitspunktes nach Abb. 4/3. Die Widerstände R' und R" wurden so dimensioniert, daß bei einer Spannungsverstärkung von 100 am Verstärkerausgang eine Spannung von 3 V zur Verfügung steht. Die Gesamtbeschaltung des Elektrometerverstärkers ist in Abb. 8/2 gezeigt.

Da der Kammerstrom, wie unter 2.1 erläutert, von der Umgebungstemperatur abhängig ist, wurde eine Temperaturkompensation durch eine temperaturabhängige Regelung der Kammerspannung vorgesehen. Den erforderlichen Temperaturgang U(ϑ) zeigt Abb. 7/2. Die Temperaturkompensation wird durch den Kompensationsheißleiter R_4 (Siemens Type K11/R_{20} = 50 kΩ) erreicht. Zur Spannungsteilung und zur Angleichung an den geforderten Kennlinienverlauf dienen die Widerstände R_1, R_2 und R_3. Die Werte dieser Widerstände müssen individuell für jede Meßkammer ermittelt werden, da die Temperaturabhängigkeit des Kammerstromes von der Lage der Präparate abhängen kann. Daraus folgt, daß vor Ermittlung der erforderlichen Stabilisierungsmaßnahmen die Präparate endgültig in der Kammer montiert sein müssen.

Der invertierende Eingang des Verstärkers ist mit Teflon isoliert, er dient als Stützpunkt für den Widerstand R_5 und die Zuleitung zur Innenelektrode der Meßkammer. Dieser Stützpunkt darf mit keinem anderen Teil des Aufbaus in Berührung stehen, auch nicht mit dem Isolationsmaterial der Platine, um den Eingangswiderstand des Verstärkers, der 10^{12} Ω beträgt, nicht zu beeinflussen. Der Anschluß zur Meßkammer ist steckbar, um den Nullabgleich des Verstärkers zu ermöglichen. Der Kondensator C_2 begrenzt die Bandbreite des Verstärkers auf 10 Hz. Die Kondensatoren C_3, C_4 dienen zur Siebung der Betriebsspannung, sie sollten keine Eigeninduktivitäten besitzen und möglichst nah an den Verstärkeranschlüssen montiert sein. An den Stützpunkten A und B kann zur Messung des Verstärkungsfaktors eine Eichspannung eingespeist werden. Zur Siebung der Ausgangsspannung ist ein Tiefpaß mit einer Zeitkonstanten von 100 ms, bestehend aus R_{12} und C_5, vorgesehen. Zur Speisung der Meßkammer und des Verstärkers wurde ein handelsübliches Netzteil mit folgenden Daten eingesetzt:

Ausgangsspannungen: $\pm$ 15 V + 0,05 °/oo/°C
Spannungsstabilisierung: $\pm$ 5 mV/$\pm$ 10 % ΔU_e
Ausgangsströme: $\pm$ 0,1 A
Innenwiderstände: 140 mΩ
Hersteller: Delta Elektronik mbH Bonn, Im Etzental 25.

Das Netzteil ist mit dem zugehörigen Netztransformator in einem separaten Blechgehäuse untergebracht und über steckbare Leitungen mit der Meßkammer verbunden.

Um gleichbleibend genaue Meßergebnisse beim Betrieb der Meßkammer zu erhalten, sollten nach einer Betriebszeit von etwa 100 Stunden folgende Wartungsarbeiten ausgeführt werden: Die Abstandhalter und Durchführungen aus Teflon sollten in den o. a. Abständen mit Alkohol gereinigt werden, da eine Verschmutzung der Oberflächen die Isolationswiderstände stark verringern kann. Der Lüftermotor läuft 15 000 Stunden ohne Nachschmierung, er ist also wartungsfrei. Die Überprüfung des Verstärkers sollte nach ca. 30 Minuten Einschaltdauer in folgender Reihenfolge durchgeführt werden.

1) Bei einer Netzspannung von 220 V sind die Ausgangsspannungen des Netzteils auf plus und minus 15,00 V einzustellen.

2) Steckverbindung zwischen Verstärkereingang und Mittelelektrode der Meßkammer lösen.

3) Mit R_{10} Ausgangsspannung des Verstärkers auf $\pm$ 0 V einstellen.

4) An die Stützpunkte A(-) und B(+) ist eine erdfreie Gleichspannung von 30 mV anzulegen, der Innenwiderstand der Spannungsquelle soll möglichst niedrig sein.

5) Drahtbrücke zwischen den Stützpunkten A und B entfernen.

6) Ausgangsspannung mit R_7 auf + 3 V einstellen.

7) Drahtbrücke einlegen, dann erst Gleichspannungsquelle entfernen. Durch diese Reihenfolge wird vermieden, daß der Verstärkereingang offen liegt.

8) Umgebungstemperatur und Kammerspannung messen und mit dem in Abb. 7/2 eingetragenen Wert vergleichen.

9) Steckverbindung zwischen Verstärkereingang und Innenelektrode wiederherstellen.

9. Reproduzierbarkeit der Kammerstrommessungen

Um die Reproduzierbarkeit der Kammerstrommessungen zu bestätigen, wurde die Ionisationsmeßkammer mit einem kommerziellen Durchlichtmeßgerät verglichen. Diese Vergleichsmessungen mit einem Extinktionsmeßgerät der Fa. Sick, Sonderausführung RM2s, wurden in einem Umluftkanal vorgenommen. Die Zusammenhänge, die sich zwischen der Extinktionsmessung und der Messung mit der Ionisationsmeßkammer ergaben, gelten jeweils nur für das bei den Versuchen verwendete Testaerosol. In dem hier beschriebenen Fall handelte es sich um einen Paraffinölnebel, der mit einem Dräger Nebelentwickler, Baumuster VI erzeugt wurde. Dieses spezielle Aerosol ist als "Testrauch" zum Prüfen von Rauchmeldern besonders geeignet. Es wurde von der Annahme ausgegangen, daß das Tröpfchengrößenspektrum während der Meßzeit konstant war, es galten also die in Abschnitt 6.2 angegebenen Voraussetzungen. Damit diese Voraussetzungen auch bei höheren Temperaturen erfüllt sind, und um ein Verdampfen des Testaerosols zu vermeiden, ist es erforderlich, daß die Eigentemperatur der Wärmequellen nur wenig größer ist als die Temperatur im Umluftkanal. Es müssen daher großflächige Wärmequellen verwendet werden.

In mehreren Versuchen wurde der Verlauf der Lichtdämpfung m in Abhängigkeit von der normierten Kammerstromänderung $\Delta i/i_o$ gemessen, und zwar bei unterschiedlichen Temperaturen im Bereich von $+20°C$ bis $+50°C$. Im ungünstigsten Fall ergaben sich Abweichungen von $|0,04|$ vom Mittelwert der normierten Kammerstromänderung im Bereich einer Lichtdämpfung von 2 dB/m für das gewählte Testaerosol. Im Bereich größerer Lichtdämpfung wird die Streuung geringer, da die charakteristische Kammergleichung bei $\Delta i/i_o = 1$ einen Pol besitzt. Die gemessenen Streuungen können durch ein geringfügig verändertes Korngrößenspektrum verursacht werden, ebenso aber auch durch Meßfehler der beiden Meßgeräte. Der mittlere Verlauf der Lichtdämpfung in Abhängigkeit von der normierten Kammerstromänderung mit den zugehörigen Toleranzgrenzen für das spezielle Testaerosol ist in Abb. 9/1 dargestellt.

10. Zusammenfassung

Im vorliegenden Bericht wurde der Aufbau und die Wirkungsweise einer zylindrischen Ionisationsmeßkammer nach dem Kleinionenanlagerungsprinzip beschrieben. Die Kammer wird axial vom Aerosol durchströmt. Dadurch wird die Empfindlichkeit der Messungen gegen die anströmende Luft ausgeschaltet. Der Arbeitspunkt der Kammer liegt weit unterhalb der Stromsättigung. Durch die spezielle Auslegung der Kammergeometrie und die Wahl der Ionisierungsmittel konnte eine lineare Strom-Spannungs-Kennlinie erreicht werden. Für den Zusammenhang zwischen Kammerstrom und Kammerspannung ohne Aerosol wurde eine Differentialgleichung aufgestellt. Darin ist die Volumenrekombination der Kleinionen berücksichtigt. Eine spezielle Lösung der Differentialgleichung stellt die Ohm'sche Gerade dar. Das eigentliche Ergebnis der theoretischen Überlegungen ist die sog. charakteristische Kammergleichung. Sie gibt den Zusammenhang zwischen dem Produkt aus mittlerem Partikeldurchmesser und Partikelanzahl pro Volumeneinheit und der Meßgröße $x = \Delta i/i_o$. x ist die auf den Kammerruhestrom i_o normierte Kammerstromänderung, die beobachtet werden kann, wenn Aerosolpartikeln in die Meßkammer eindringen. Die Kammergleichung konnte experimentell weitgehend bestätigt werden. Je nach Auslegung der Kammergeometrie, nach Wahl der Stärke des ionisierenden Mittels und nach Wahl des Arbeitspunkts können unterschiedliche Empfindlichkeitsbereiche der Meßkammer bezüglich Partikelkonzentration und Partikeldurchmesser verwirklicht werden.

Da die Ströme durch die beschriebene Meßkammer in der Größenordnung von 10^{-10} A liegen, mußte ein spezieller Elektrometerverstärker entwickelt werden. Die Abhängigkeit des Kammerstromes von der Umgebungstemperatur konnte in zufriedenstellender Weise elektronisch kompensiert werden. Die für die Temperaturabhängigkeit verantwortlichen physikalischen Effekte wurden nicht vollständig geklärt, insbesondere nicht die Erniedrigung des Sättigungsstromes bei ansteigender Temperatur.

Das Resultat der Arbeiten ist eine Meßkammer nach dem Kleinionenanlagerungsprinzip, die bei der Wahl des speziellen Empfindlichkeitsbereiches besonders als Standardmeßgerät für das Testen von Rauchmeldern zur automatischen Brandentdeckung gedacht ist.

11. Formelzeichen

In Klammern ist jeweils die Nummer der Gleichung angegeben, in der die entsprechende Größe eingeführt wurde.

a	(2.1)	Konstante
A	(2.9)	Radioaktivität
$a_1, \ldots, a_5$	(3.18)	Konstanten
a	(7.2)	Regressionskonstante
b	(2.1)	Konstante
b^+, b^-	(2.10)	Beweglichkeit der Kleinionen
b	(7.3)	Regressionskonstante
c_B	(6.8)	Bricard-Konstante
c_E	(6.27)	Extinktionsquerschnitt
d	(6.8)	Partikeldurchmesser
$\bar{d}$	(6.18)	mittlerer Partikeldurchmesser
E_a	(2.2)	Austrittsenergie der a-Teilchen
e	(2.19)	Einheitsladung
E, E_r	(3.10)	Radialkomponente der elektrischen Feldstärke
F	(6.26)	absoluter Fehler
j	(3.14)	Kammerstrom
i_S	(3.22)	Sättigungsstrom
i_o	(3.26)	Kammerruhestrom
K_o	(3.20)	Konstante
K_1, K_2	(3.21)	Konstanten
K	(6.4)	Konstante
K	(6.21)	Konstante
l	(3.15)	wirksame Länge der Kammer
L	(6.27)	Meßweglänge
m_λ	(6.29)	auf die Längeneinheit bezogene Lichtdämpfung
$m(\vartheta)$	(7.1)	temperaturabhängiger Leitwert
N, N_o	(2.4)	Anzahl nicht zerfallener Atome
n^+, n^-	(2.12)	Kleinionendichte
n_o	(2.13)	Kleinionendichte zur Zeit $t = 0$
n_o	(2.18)	stationäre Kleinionendichte (ohne Partikeln)
N^+, N^-	(5.1)	Großionendichte
n_∞	(5.10)	stationäre Kleinionendichte
$\bar{n}$	(6.23)	mittlere stationäre Kleinionendichte
p	(2.3)	Druck
P	(1.2)	Abkürzung
q	(2.9)	Ionisierungsstärke
Q	(3.1)	Quantität

q_o	(3.1)	Ergiebigkeit
Q^+, Q^-, Q_o	(5.1)	Quellenstärke
R	(2.1)	Reichweite
r	(3.10)	Radius
r_a	(3.25)	Radius des äußeren Zylinders
r_i	(3.25)	Radius des inneren Zylinders
S, S_o	(6.27)	Effektivwert des Poynting-Vektors
T	(2.5)	Halbwertszeit
t	(1.3)	Zeit
T	(7.4)	Absolute Temperatur
U	(3.26)	Kammerspannung
v	(2.2)	Austrittsgeschwindigkeit der a-Teilchen
V	(2.9)	Kammervolumen
v	(6.22)	Strömungsgeschwindigkeit
w	(3.17)	normierte Feldstärke
W	(5.8)	Abkürzung
x	(6.13)	normierte Kammerstromänderung
$y(x)$	(6.15)	spezielle Funktion von x
z	(5.1)	Partikelkonzentration
z_o	(5.3)	Partikelkonzentration außerhalb der Kammer
$\vec{w}$	(3.3)	Geschwindigkeitsvektor
$\vec{\mathcal{E}}$	(3.9)	Vektor der elektrischen Feldstärke
a	(2.12)	Rekombinationskoeffizient
a_1, a_2, a_3	(5.1)	Rekombinationskoeffizienten
β^+, β^-	(5.1)	Anlagerungswahrscheinlichkeit
Δi	(6.12)	Kammerstromänderung
ϵ_o	(2.19)	Dielektrizitätskonstante
η	(6.16)	Konstante der Kammergleichung
ν	(2.3)	Umgebungstemperatur
λ	(2.1)	Zerfallskonstante
ρ	(3.12)	Dichte der Quantität
ρ^+	(3.12)	positive Raumladungsdichte

Literaturverzeichnis

[1] Aschoff, V., H. Luck und A. Prüssmann, Über die Autokindynodeiktik oder die Technik selbsttätiger Gefahrenanzeige, Jahrbuch f. Forschung 1967, Westdeutscher Verlag, Köln.
[2] Hosemann, J.P., Über einige Detektorprinzipien zur automatischen Entdeckung von HCl-Aerosolen, Brandschutz Nr. 7 (1969).
[3] Hosemann, J.P. und H. Luck, Anlagen zur automatischen Brandentdeckung, Brandverh.-Brandbek. Nr. 4 (1969).
[4] Kirsch, W., Wirkungsweise und Aufbau selbsttätiger elektrischer Brandmeldesysteme, Wirtsch. Nachr. Ind. u. Handelskammer, Reg. Bez. Aachen, Nr. 9 (1967).
[5] Coenen, W., Registrierende Staubmessung nach der Methode der Kleinionenanlagerung, Staub 24 (1964), Nr. 9.
[6] Coenen, W., Staubmonitor zur betrieblichen Staubüberwachung, Staub 23 (1963), Nr. 2.
[7] Hasenclever, D. und H.-C. Siegmann, Neue Methode der Staubmessung mittels Kleinionenanlagerung, Staub 20 (1960), Nr. 7.
[8] Mohnen, V. und H.-C. Siegmann, Ein Weg zur automatischen Messung definierter Klassen von Korngrößen in Staubgemischen, Staub 24 (1964), Nr. 7.
[9] Sixième Colloque sur les Poussières und Septième Colloque sur les Poussières organisé par l'Institut National de Recherche Chimique Appliqué, Edité par l'Institut National de Sécurité, France.
[10] Benarie, M., Über den Begriff Rauch, Tagungsbericht zum 6. internationalen Vortragsseminar über Probleme der automatischen Brandentdeckung vom 4.-6.10.1971, Inst. f. Elektr. Nachrichtentechnik der RWTH Aachen.
[11] Westphal, W.H., Physikalisches Wörterbuch, Springer Verlag, 1952.
[12] Philippow, E., Taschenbuch Elektrotechnik, Bd. 1, Grundlagen, VEB-Verlag Technik, Berlin, 1963.
[13] Gamow und Critchfield, Theory of Atomic Nucleus and Nuclear Energy Sources, Oxford 1949
[14] Mattauch und Flammersfeld, Erweiterter Isotopenbericht, Sonderheft der Z. Naturf. 1949.
[15] Joint Commission of the International Council of Scientific Unions on Standards (ICSU): Units and Constants of Radioactivity.
[16] Ebert, H., Physikalisches Taschenbuch, Vieweg Verlag, Braunschweig, 1951.
[17] Weissmantel, C., Atom, Struktur der Materie, Verlag Chemie GmbH, Weinheim, 1970.
[18] Israël, H., Atmosphärische Elektrozität, Ak. Verl. ges. Leipzig, 1957, Bd. I, 1961, Bd. II.
[19] Israël, H., Luftelektrizität und Radioaktivität, Springer Verlag, 1957.
[20] Israël, H., Luftelektrizität im A.G.J., Tagungsbericht, Aachen 11.-12. Mai 1956.
[21] Küpfmüller, K., Einführung in die theoretische Elektrotechnik, Springer Verlag, 1962.
[22] Loeb, L.B., Basic Processes of gaseous Electronics, Berkeley and Los Angeles; University of California Press, 1955.
[23] Massey, H.S.W. et.al., Electronic and ionic impact Phenomena, Oxford: Claredon Press, 1952.
[24] Bricard, J., L'équilibre ionique de la basse atmosphère, J. geophys. Res. 54 (1949), Nr. 1.
[25] Bricard, J., La fixation des petits ions atmosphériques sur les aérosols ultra-fins, Geofis pura e appl. 51 (1962/I).
[26] Bricard, J.. J. Pradel und A. Renoux, Equilibre ionique et spectre granulométrique des aérosols naturels application aux ions radioactifs, Ann. Geophys. 18 (1962), Nr. 4.
[27] Bricard, J. et.al., Seminaire de Physique des aérosols, Faculté des Sciences de Paris, 1961-62, 62-63, 63-64, 64-65, 65-67.
[28] Luck, H. und R. Portscht, Ein Prüfschema für selbsttätige Brandmeldeanlagen, VFDB-Zeitschrift 17 (1968), H. 2.

[29] Hosemann, J.P., Über Verfahren zur Bestimmung der Korngrößenverteilung hochkonzentrierter Polydispersionen von dielektrischen Mie-Partikeln, Dissertation TH Aachen, 1970.
[30] Hosemann, J.P., Zur Theorie von Ionisationsmeßkammern unter Berücksichtigung der Kleinionenrekombination, Staub-Reinhalt. Luft 32 (1972), Nr. 7.
[31] Hosemann, J.P., Gesichtspunkte bei der Prüfung von Rauchmeldern, Staub-Reinhalt. Luft 32 (1972), Nr. 7.

Abbildungen

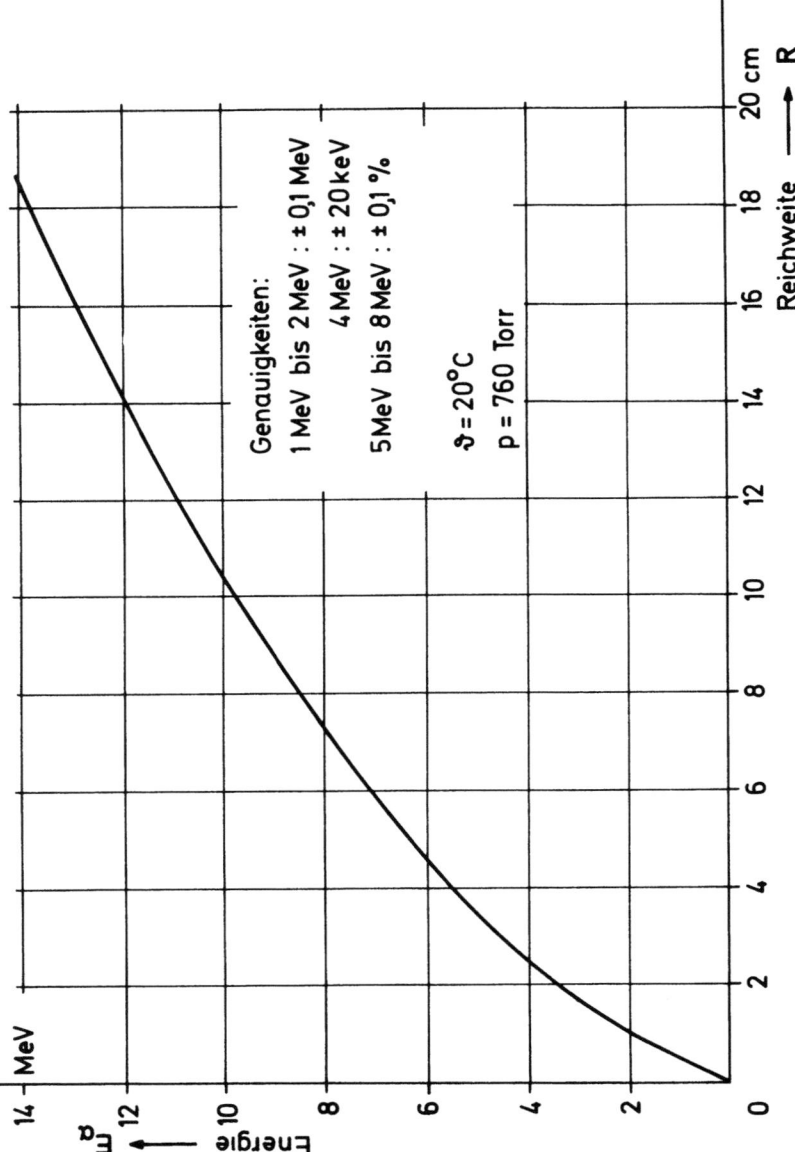

Abb. 2/1: Energie-Reichweite-Beziehung für α-Strahlung [16] (nach Holloway, Livingston und Bethe)

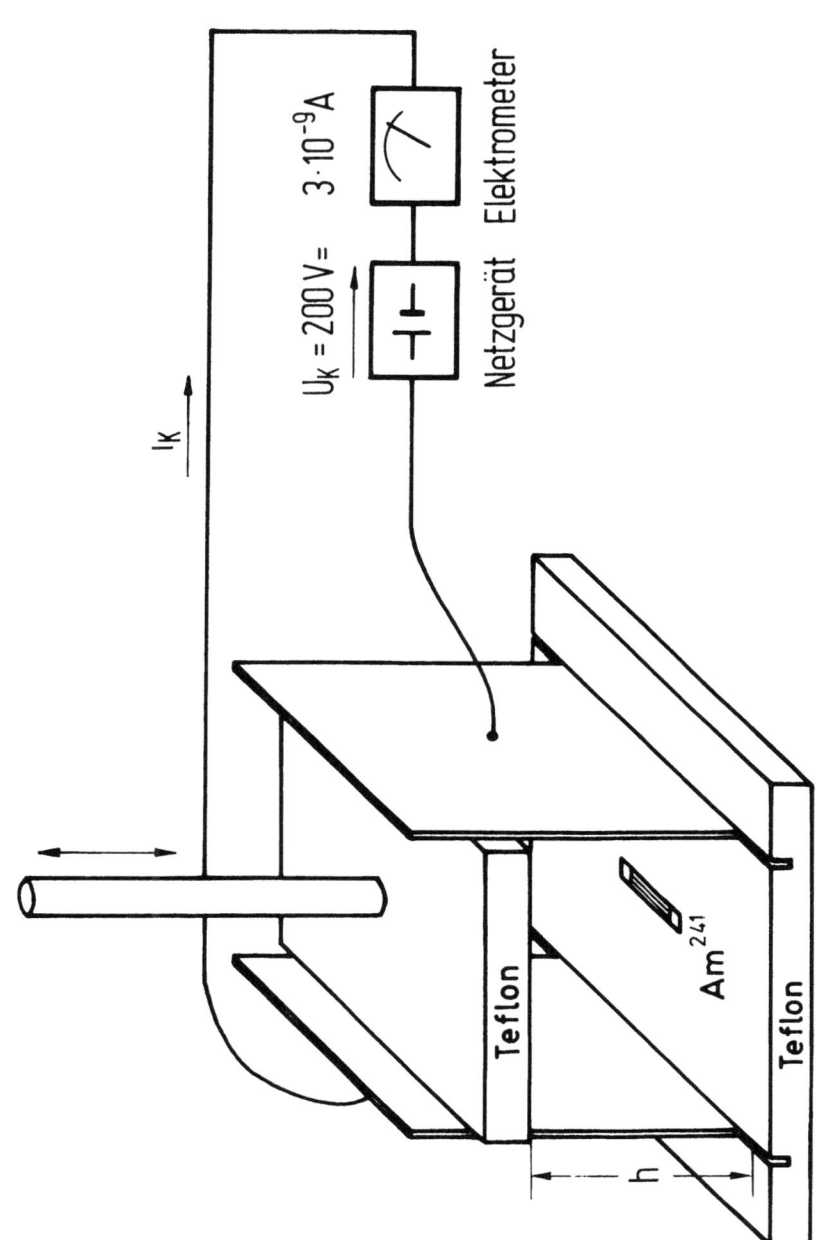

Abb. 2/2: Meßaufbau zur Bestimmung der Kolonnenlänge R

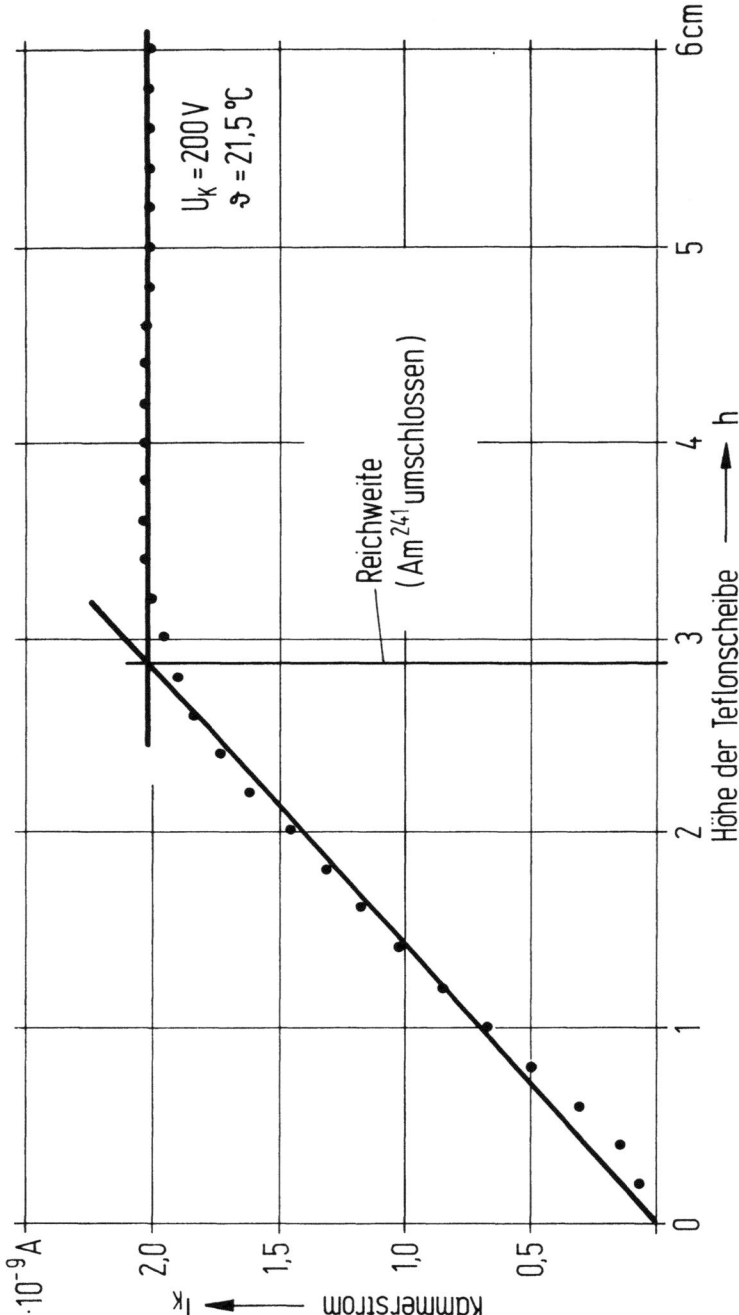

Abb. 2/3: Bestimmung der Reichweite R

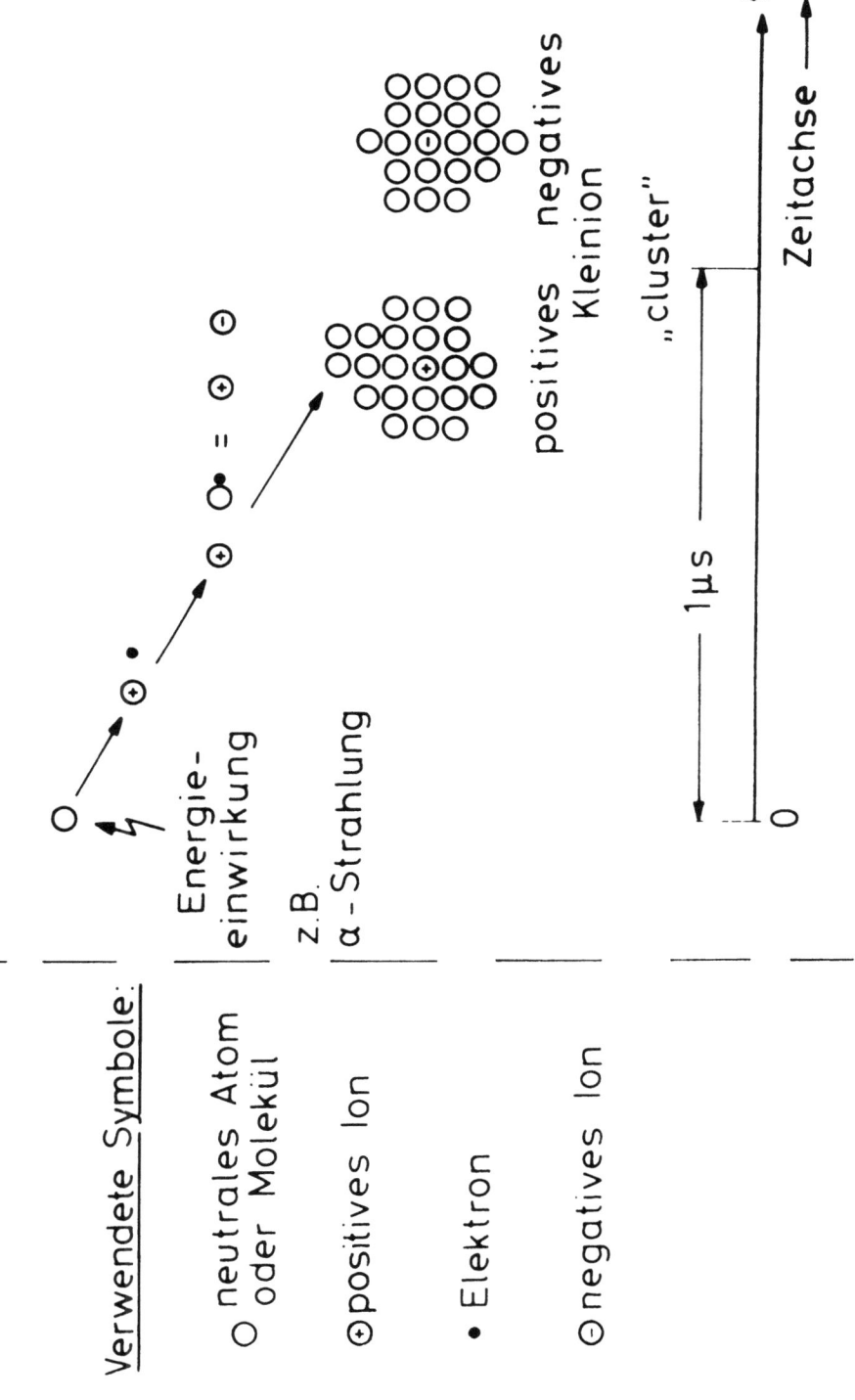

Abb. 2/4: Entstehung von Kleinionen

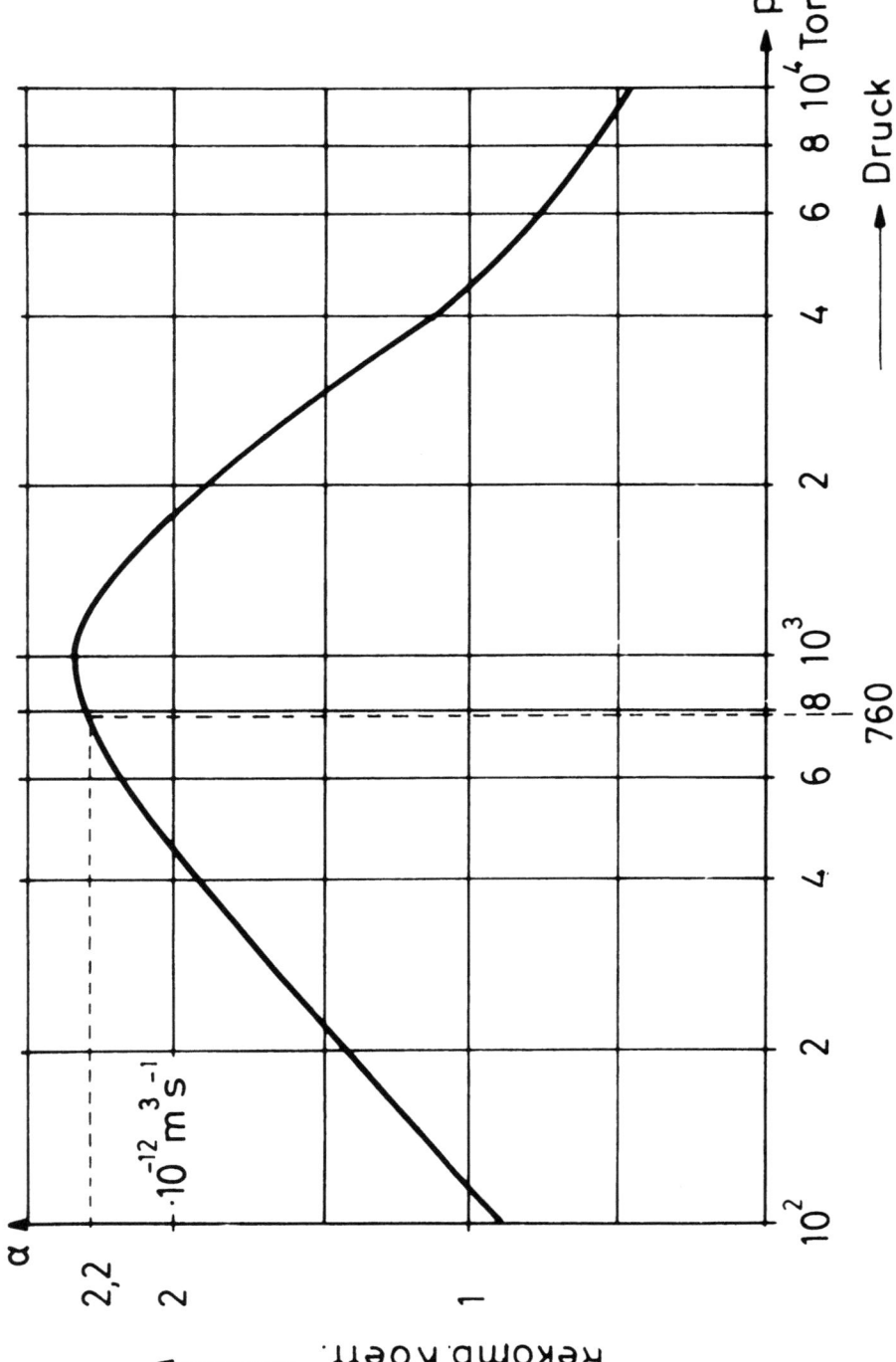

Abb. 2/5: Rekombinationskoeffizient in Luft von 20°C als Funktion des Druckes (Ion-Ion-Rekombination nach Mierdel)

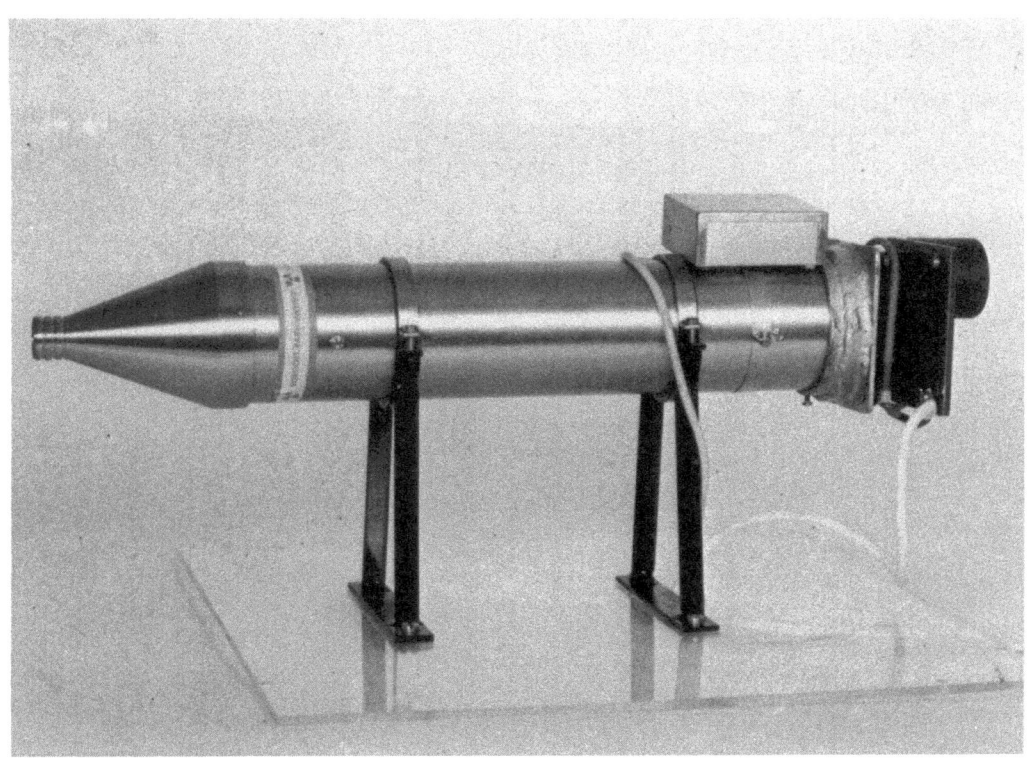

Abb. 4/1: Ausführung der Ionisationsmeßkammer

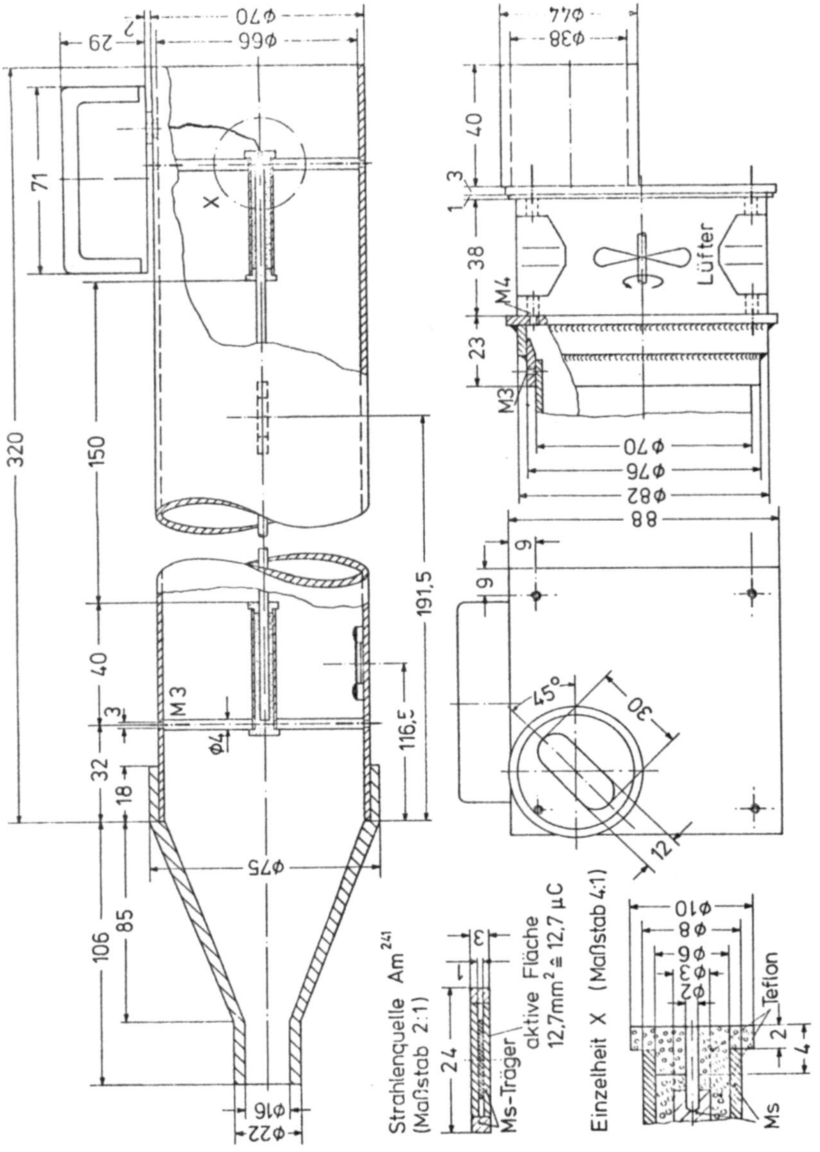

Abb. 4/2: Ionisationsmeßkammer

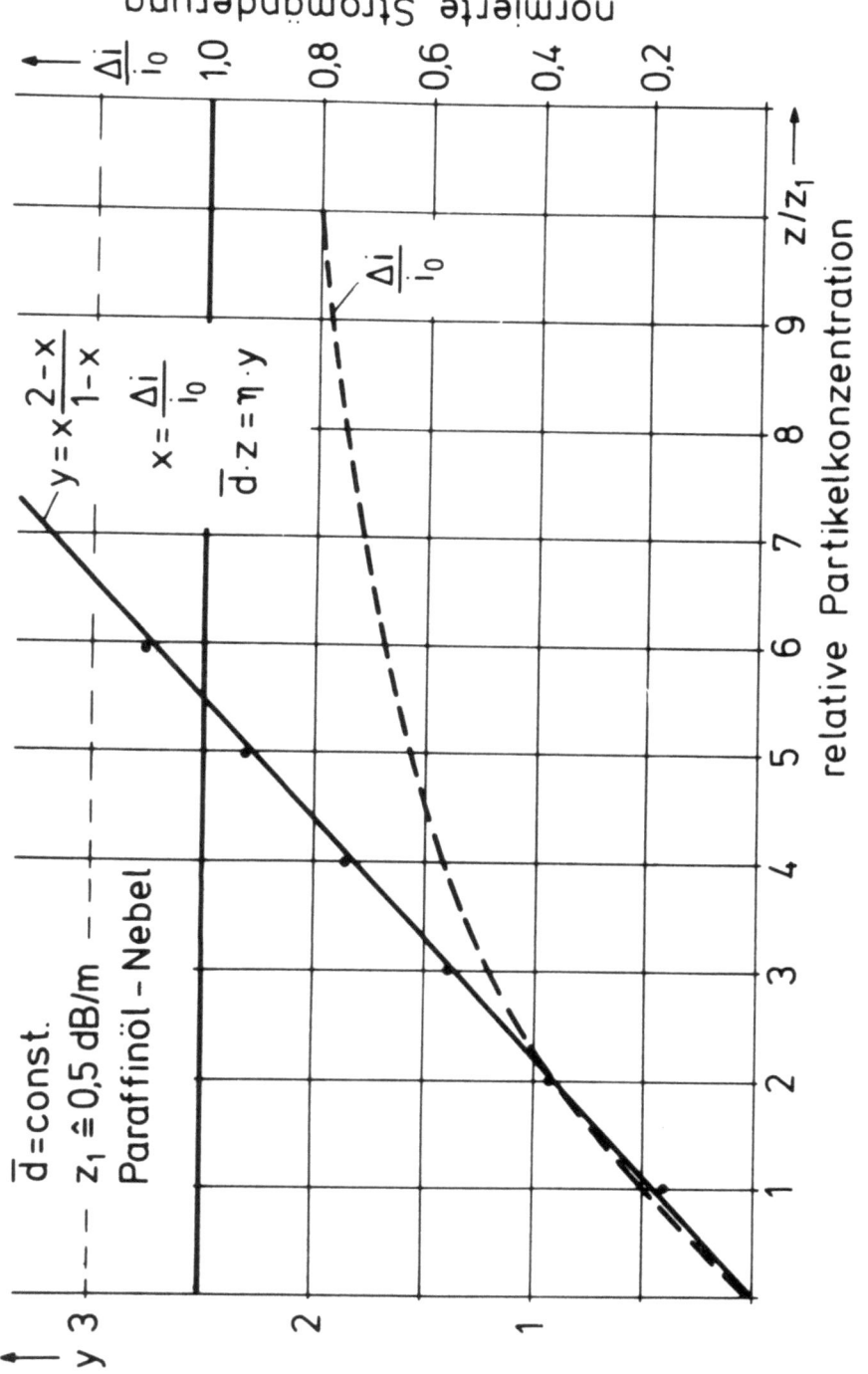

Abb. 6/2: Meßkammer bei konstantem Korngrößenspektrum

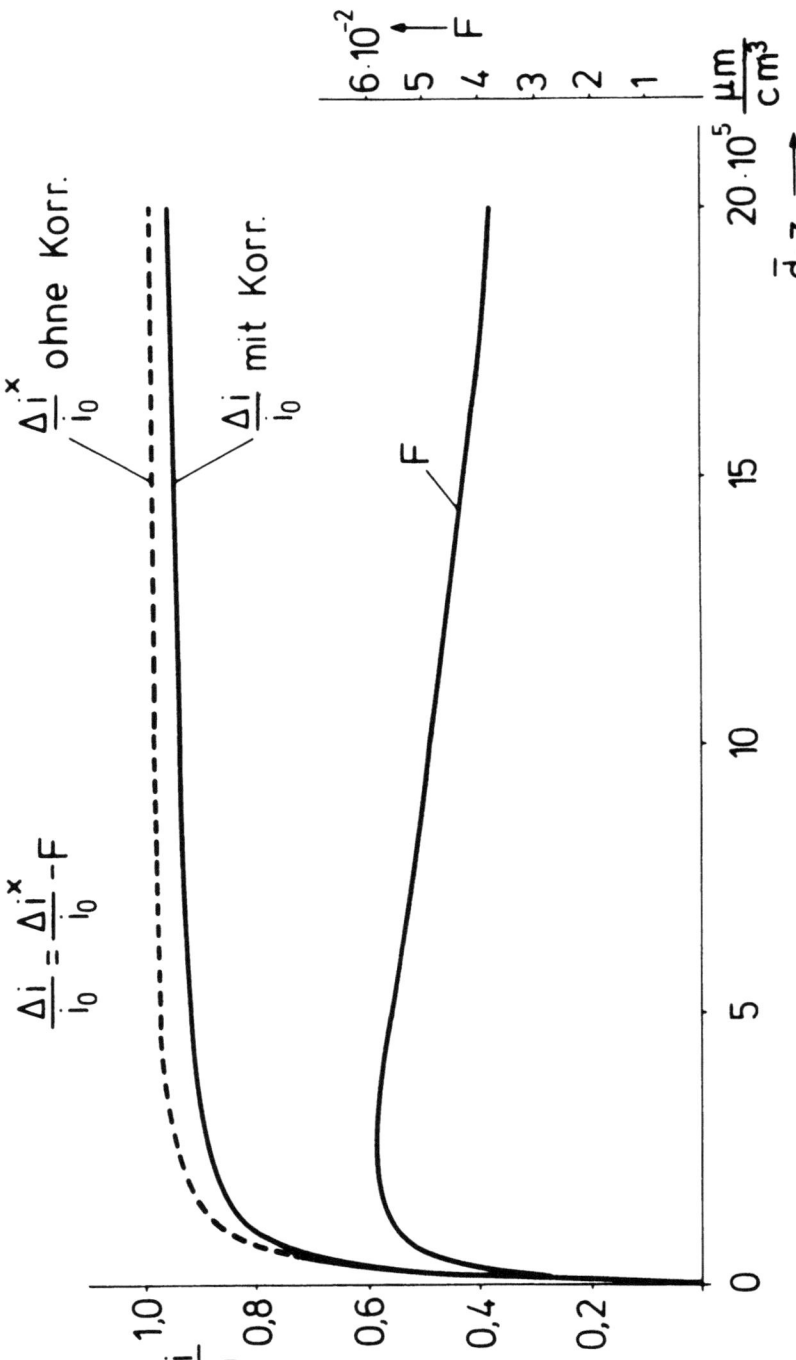

Abb. 6/1: Berücksichtigung der Strömung durch die Kammer

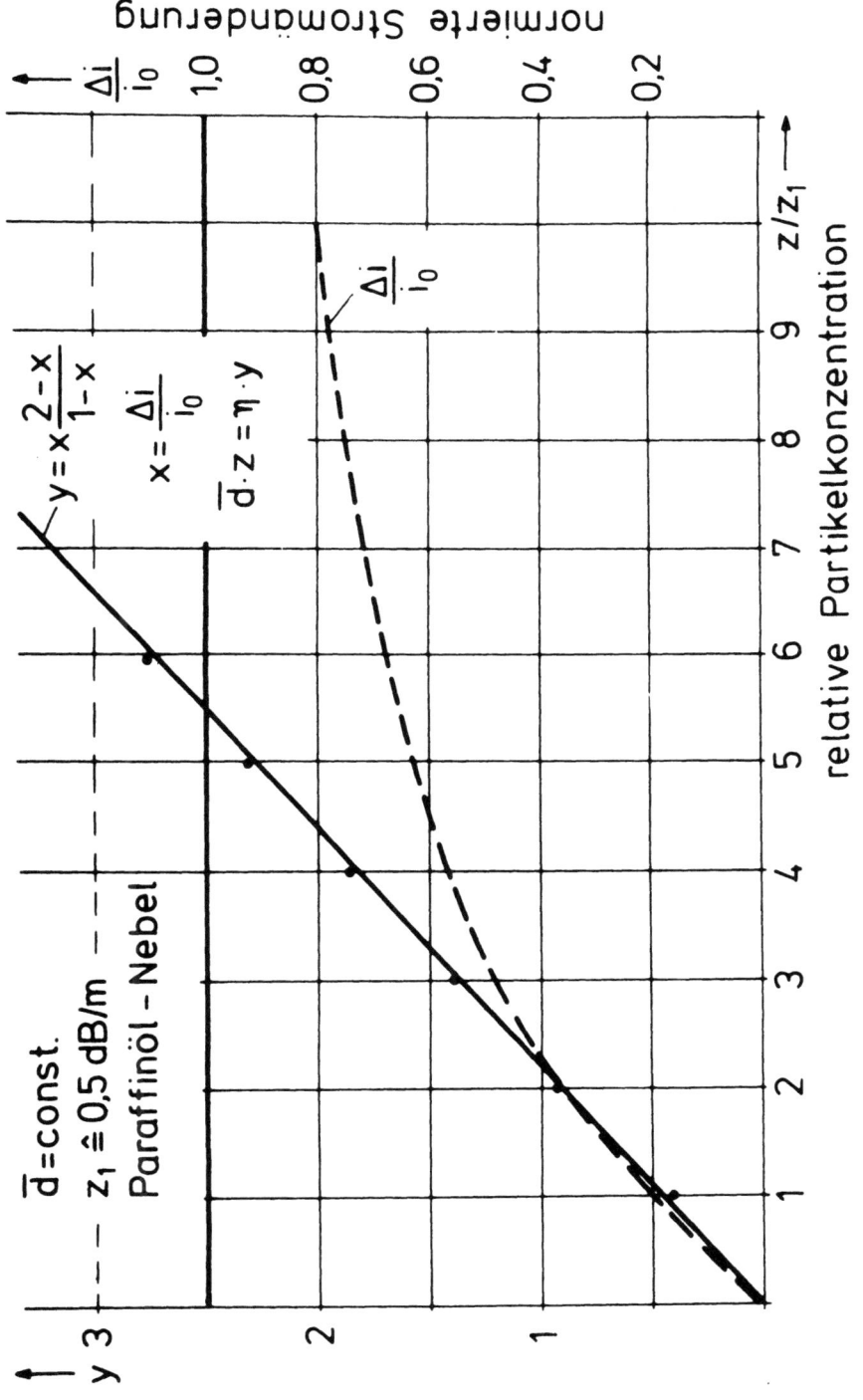

Abb. 6/2: Meßkammer bei konstantem Korngrößenspektrum

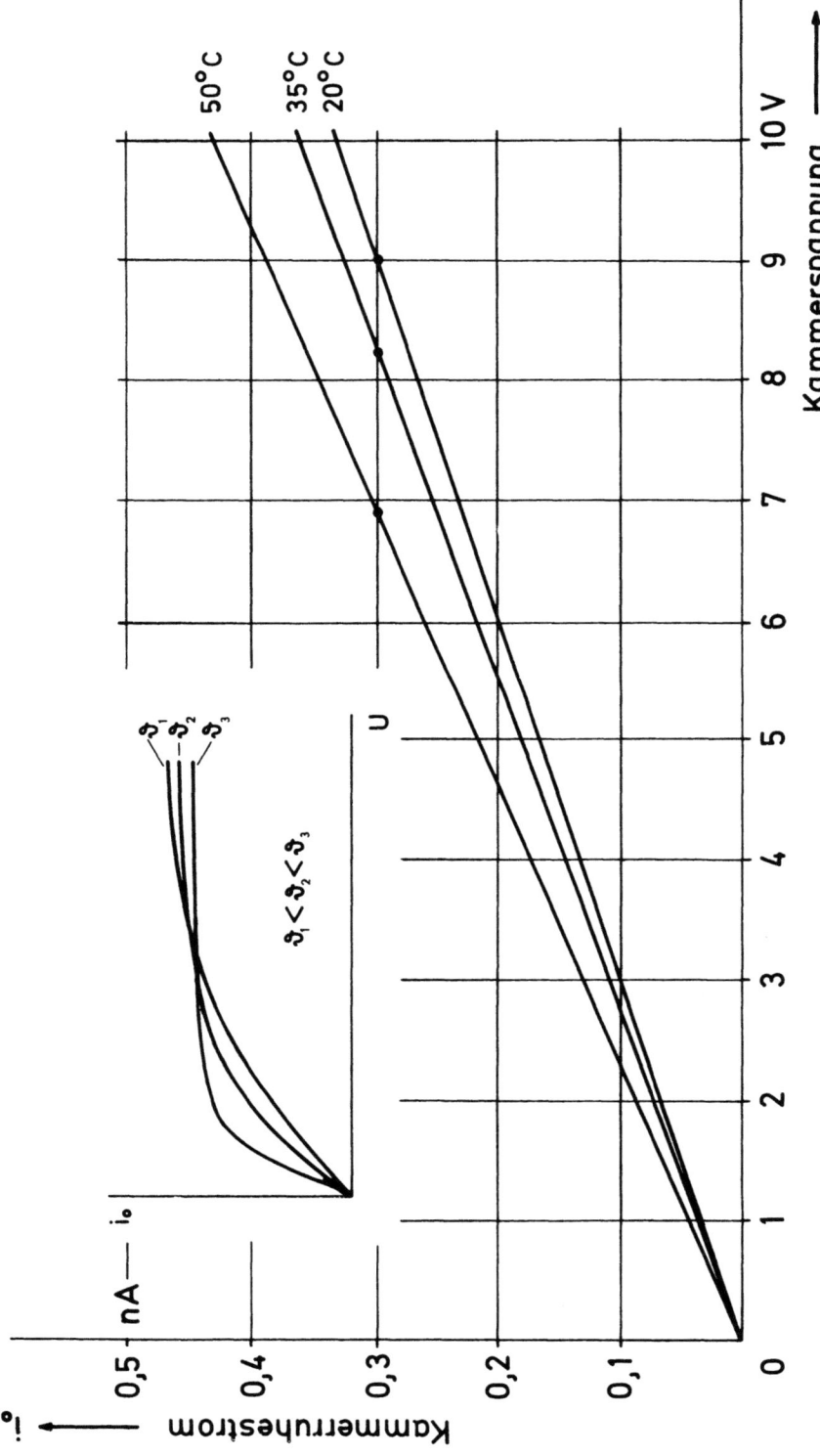

Abb. 7/1: Temperaturabhängigkeit der I-U-Kennlinien

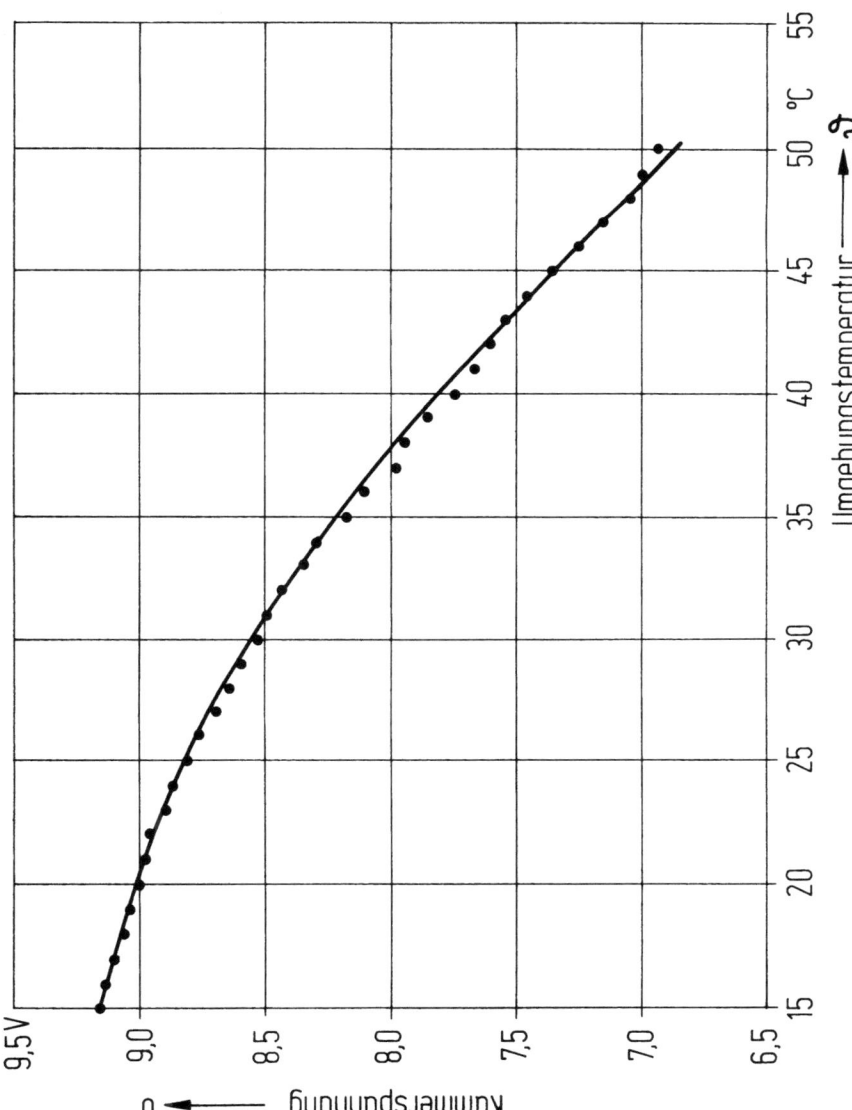

Abb. 7/2: $U(\vartheta)$ für i_o = const = 0,3 nA

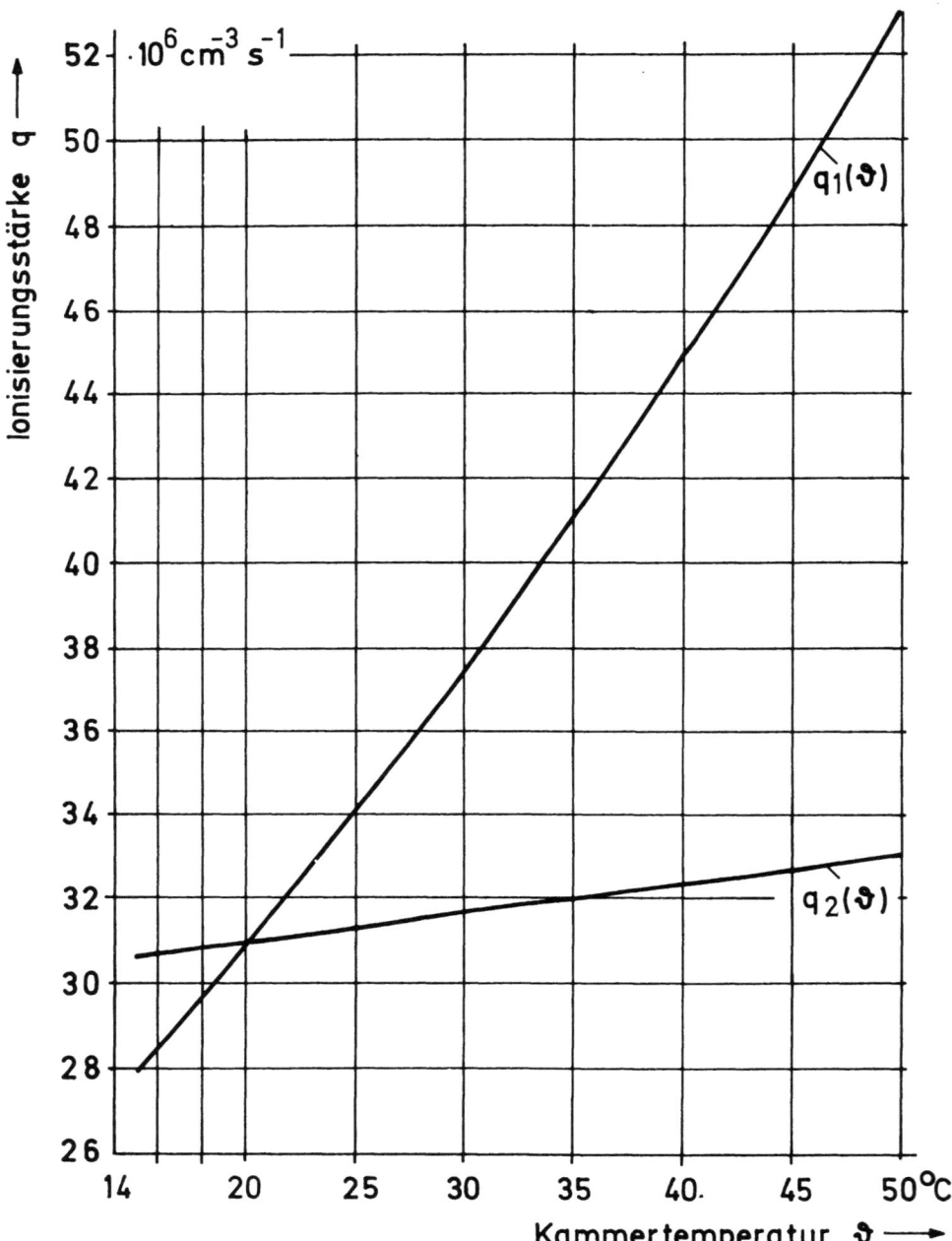

Abb. 7/3: Ionisierungsstärke in Abhängigkeit von der Kammertemperatur

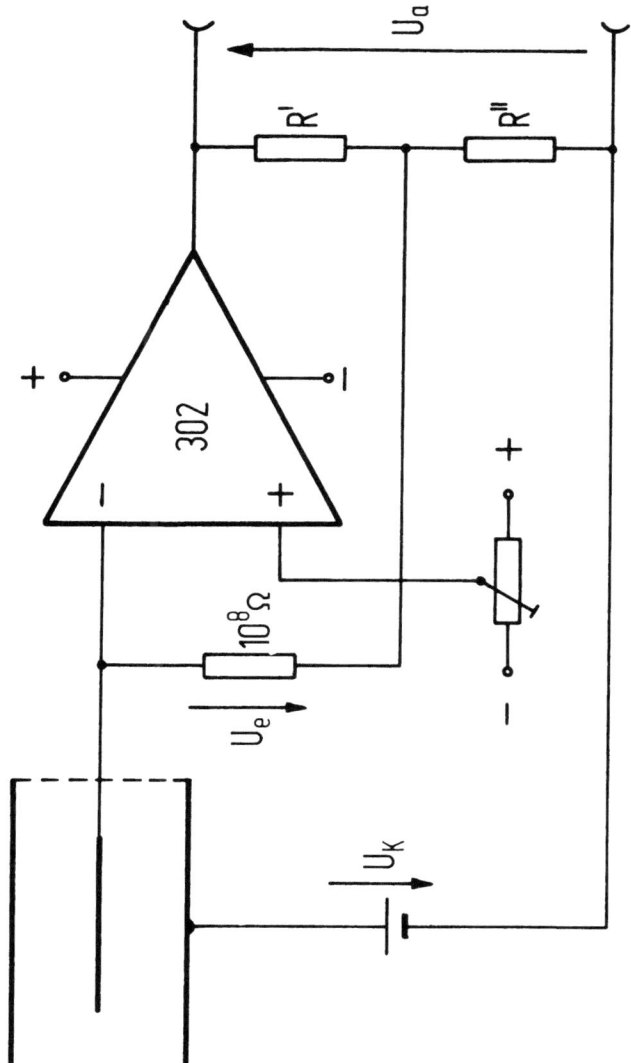

Abb. 8/1: Prinzipschaltung des Elektrometerverstärkers

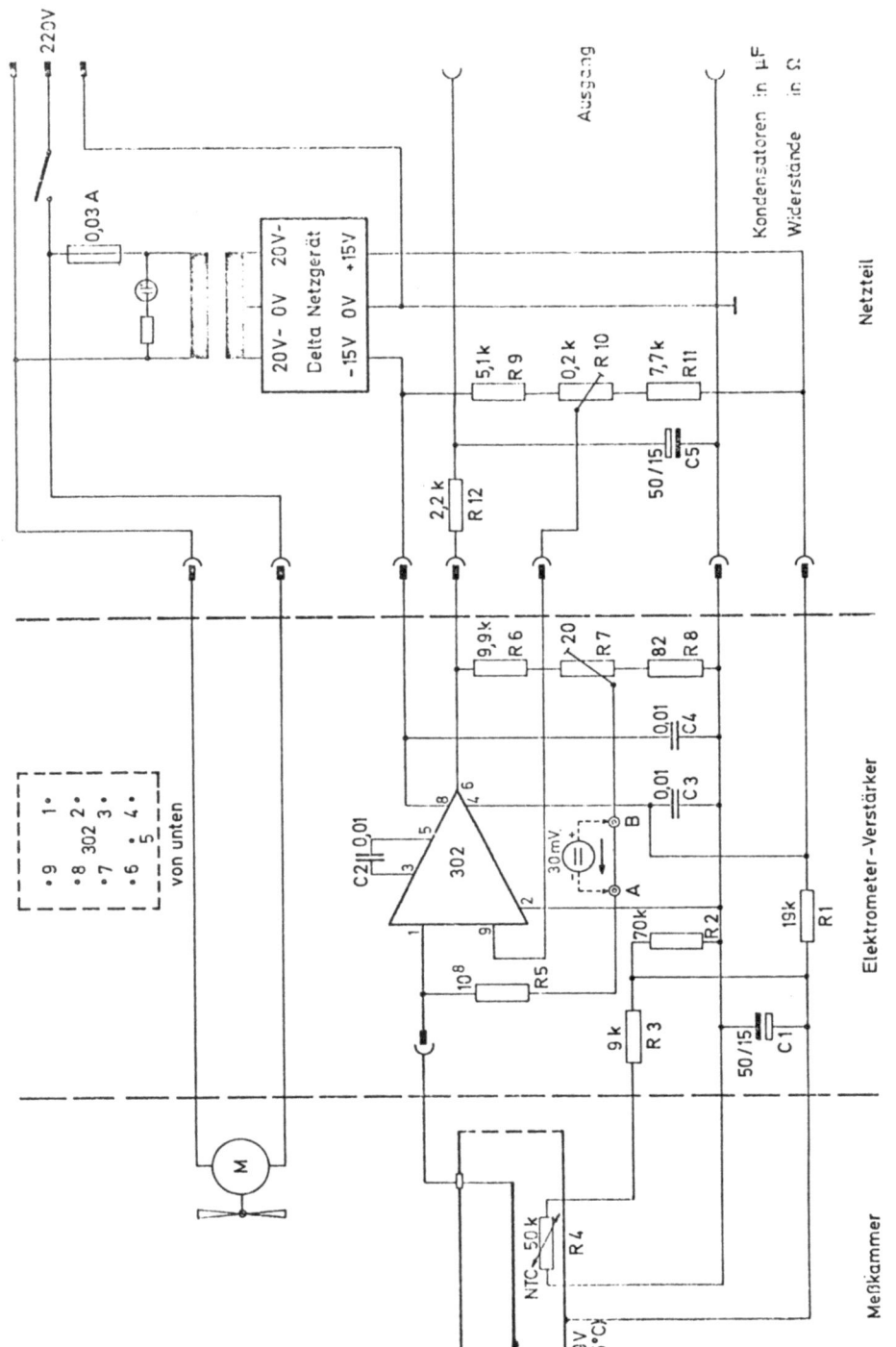

Abb. 8/2: Beschaltung der Ionisationsmeßkammer

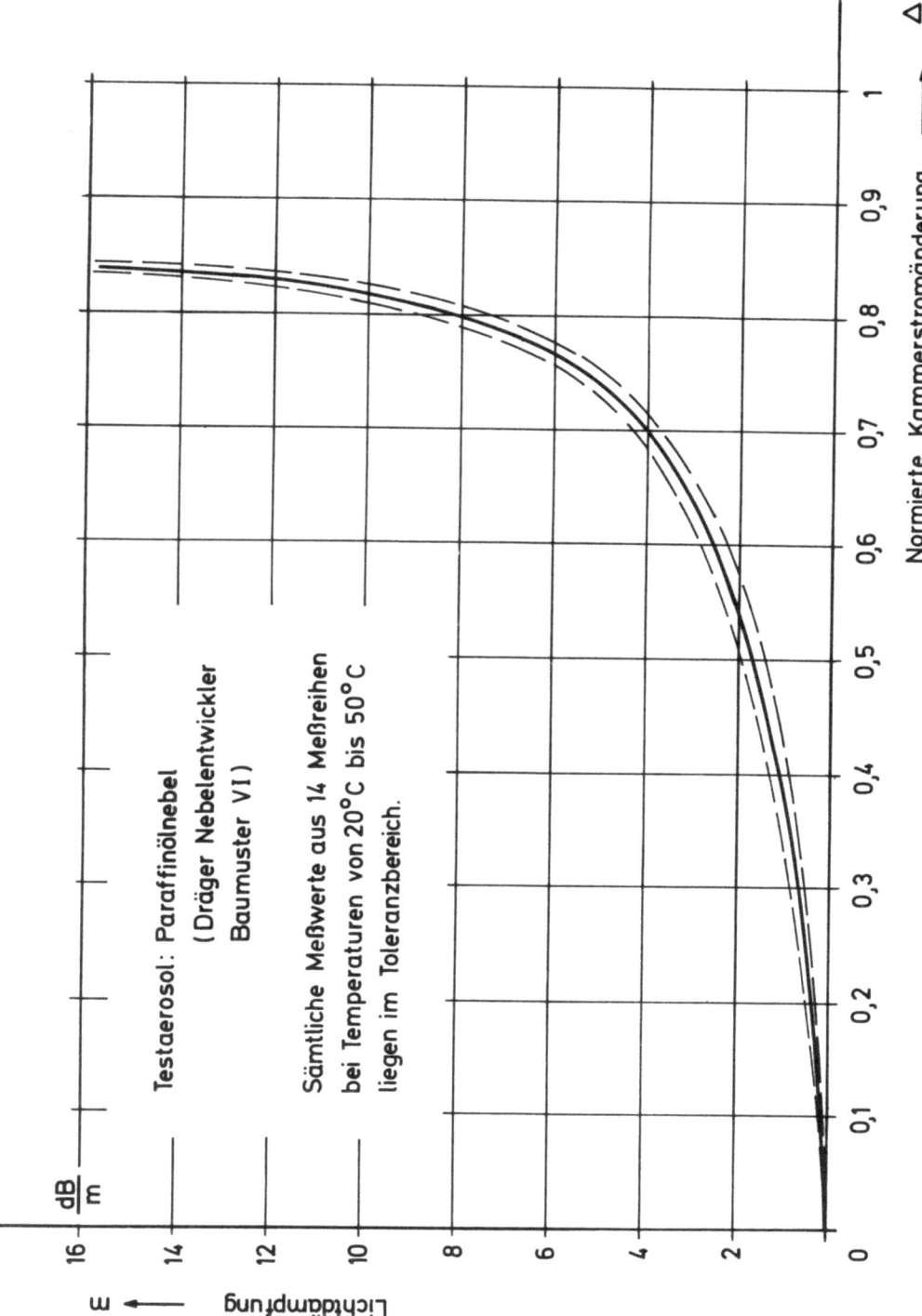

Abb. 9/1: Vergleich Ionisationsmeßkammer – Extinktionsmeßgerät

Forschungsberichte des Landes Nordrhein-Westfalen

Herausgegeben im Auftrage des Ministerpräsidenten Heinz Kühn
vom Minister für Wissenschaft und Forschung Johannes Rau

Sachgruppenverzeichnis

Acetylen · Schweißtechnik
Acetylene · Welding gracitice
Acétylène · Technique du soudage
Acetileno · Técnica de la soldadura
Ацетилен и техника сварки

Arbeitswissenschaft
Labor science
Science du travail
Trabajo científico
Вопросы трудового процесса

Bau · Steine · Erden
Constructure · Construction material ·
Soilresearch
Construction · Matériaux de construction ·
Recherche souterraine
La construcción · Materiales de construcción ·
Reconocimiento del suelo
Строительство и строительные материалы

Bergbau
Mining
Exploitation des mines
Minería
Горное дело

Biologie
Biology
Biologie
Biologia
Биология

Chemie
Chemistry
Chimie
Quimica
Химия

Druck · Farbe · Papier · Photographie
Printing · Color · Paper · Photography
Imprimerie · Couleur · Papier · Photographie
Artes gráficas · Color · Papel · Fotografía
Типография · Краски · Бумага · Фотография

Eisenverarbeitende Industrie
Metal working industry
Industrie du fer
Industria del hierro
Металлообрабатывающая промышленность

Elektrotechnik · Optik
Electrotechnology · Optics
Electrotechnique · Optique
Electrotécnica · Optics
Электротехника и оптика

Energiewirtschaft
Power economy
Energie
Energía
Энергетическое хозяйство

Fahrzeugbau · Gasmotoren
Vehicle construction · Engines
Construction de véhicules · Moteurs
Construcción de vehículos · Motores
Производство транспортных средств

Fertigung
Fabrication
Fabrication
Fabricación
Производство

Funktechnik · Astronomie
Radio engineering · Astronomy
Radiotechnique · Astronomie
Radiotécnica · Astronomía
Радиотехника и астрономия

Gaswirtschaft
Gas economy
Gaz
Gas
Газовое хозяйство

Holzbearbeitung
Wood working
Travail du bois
Trabajo de la madera
Деревообработка

Hüttenwesen · Werkstoffkunde
Metallurgy · Materials research
Métallurgie · Matériaux
Metalurgia · Materiales
Металлургия и материаловедение

Kunststoffe
Plastics
Plastiques
Plásticos
Пластмассы

Luftfahrt · Flugwissenschaft
Aeronautics · Aviation
Aéronautique · Aviation
Aeronáutica · Aviación
Авиация

Luftreinhaltung
Air-cleaning
Purification de l'air
Purificación del aire
Очищение воздуха

Maschinenbau
Machinery
Construction mécanique
Construcción de máquinas
Машиностроительство

Mathematik
Mathematics
Mathématiques
Matemáticas
Математика

Medizin · Pharmakologie
Medicine · Pharmacology
Médecine · Pharmacologie
Medicina · Farmacología
Медицина и фармакология

NE-Metalle
Non-ferrous metal
Metal non ferreux
Metal no ferroso
Цветные металлы

Physik
Physics
Physique
Física
Физика

Rationalisierung
Rationalizing
Rationalisation
Racionalización
Рационализация

Schall · Ultraschall
Sound · Ultrasonics
Son · Ultra-son
Sonido · Ultrasónico
Звук и ультразвук

Schiffahrt
Navigation
Navigation
Navegación
Судоходство

Textilforschung
Textile research
Textiles
Textil
Вопросы текстильной промышленности

Turbinen
Turbines
Turbines
Turbinas
Турбины

Verkehr
Traffic
Trafic
Tráfico
Транспорт

Wirtschaftswissenschaften
Political economy
Economie politique
Ciencias económicas
Экономические науки

Einzelverzeichnis der Sachgruppen bitte anfordern

Westdeutscher Verlag · Opladen

567 Opladen/Rhld., Ophovener Straße 1–3, Postfach 1620

MIX
Papier aus verantwortungsvollen Quellen
Paper from responsible sources
FSC® C105338

If you have any concerns about our products,
you can contact us on
ProductSafety@springernature.com

In case Publisher is established outside the EU,
the EU authorized representative is:
**Springer Nature Customer Service Center GmbH
Europaplatz 3, 69115 Heidelberg, Germany**

Printed by Libri Plureos GmbH
in Hamburg, Germany